科学么么哒

探索冬天

Explore Winter

25个了解冬天的有趣方法

[美]玛克辛·安德森 著 【美】亚历克西斯·弗雷德里克-弗罗斯特 图
迟庆立 译

上海科技教育出版社

目录

1、到底为什么会有冬季？

哆罗罗，外面好冷啊！白天短了，夜晚长了。就算阳光再灿烂，也不暖和了。还有那些花和昆虫都到哪儿去了？

有些地方的**冬季**，会下很多很多的雪。可有些地方的冬季，不过是白天不热了，晚上凉了些。那么，到底为什么会有冬季？为什么每年的冬季都在同一个时间到来呢？

这本书会带着你仔细研究冬季，这个夹在秋季和春季之间的季节。每到这个季节，好像整个自然界都安静下来，睡了一个悠长的午觉。不过，等你读完这本书，就会发现冬季其实是个考察的好时候，不论是在室内还是室外。

你还有机会做很多实验，进行很多活动，从而更多地了解冬季。

你会发现很多有趣的东西，读到一些好玩的笑话和让你大吃一惊的趣闻。现在就套上暖暖的毛拖鞋，准备探索冬季吧！

做个科学家

这本书中的绝大多数实验和活动，都需要你自己来提出问题，然后自己寻找答案。科学家把这个过程叫做**科学研究**。这也是他们研究周围世界的方法。科学研究的有趣之处在于，你不能只是提出问题，然后解答这个问题，就万事大吉了。你必须证明你得出的每一个答案，与别人运用你所用的同样方法，得出的结果是相同的。科学研究的步骤是这样的：

1. 你就某一现象提出问题，或者提出自己的观点，这叫**假设**。
2. 然后你设计出一些方法，或者叫**实验**，来解答你的问题，或证明你的观点。
3. 你进行实验，看看能不能证明你的观点。
4. 你根据实验的结果对自己的观点进行修正。

哪些科学家在研究季节？

研究冬季天气的科学家有很多。对本周天气进行预报的科学家，叫做**气象学家**。如果你想知道是该穿T恤、凉鞋，还是棉服长靴，就得问气象学家。另外一种研究天气的科学家，叫做**气候学家**。气候学家研究的是以往的天气状况，目的是要找到能对未来天气进行预测的天气模式。如果你想知道明年，或者2050年的天气，就得问气候学家。

科学家还做些什么？

采集

科学家要采集物品以进行观察。

观察

科学家要观察哪些物品发生了改变，哪些物品没有变化。

分类

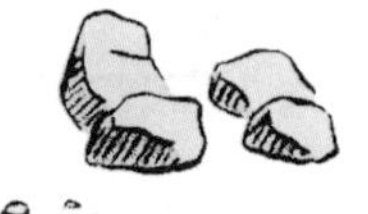

他们要对采集来的物品进行分类。

英语中冬季“winter”这个词源自古代德语，意思是“水的季节”。这么说倒是挺有道理的，因为冰和雪都是由水变化而成的。

词汇单

冬季： 处于秋季和春季之间的那个季节。

科学研究： 科学家提出问题，并通过实验努力证明自己观点的过程。

假设： 用于解释某些现象，但尚未得到证明的观点。

实验： 对观点或假说进行验证的过程。

气象学家： 研究天气模式，预测近期天气状况的科学家。

气候学家： 对过去的天气和气候进行研究，以期对大范围地区长期的天气和气候进行预测的科学家。

记录科研笔记

给问题找出答案的一个办法，就是对事物进行非常细致的观察，看看它们是如何进行变化的。然后你要把自己观察到的变化记录下来。很多科学家都记科研笔记，随时记录自己的观察结果。你也可以这么做。任何一个笔记本都可以用来记科研笔记，用不着多么花哨的东西，哪怕用几张纸把自己所看到的、所做的记录下来就可以了。当然，如果你想自己动手做一本很特别的科研笔记本，我可以教你一个很不错的办法。材料要用到美术纸、咖啡滤纸，还有硬纸板。因为其中还需要用到剪刀和打孔器，所以你身边一定要有大人帮忙。

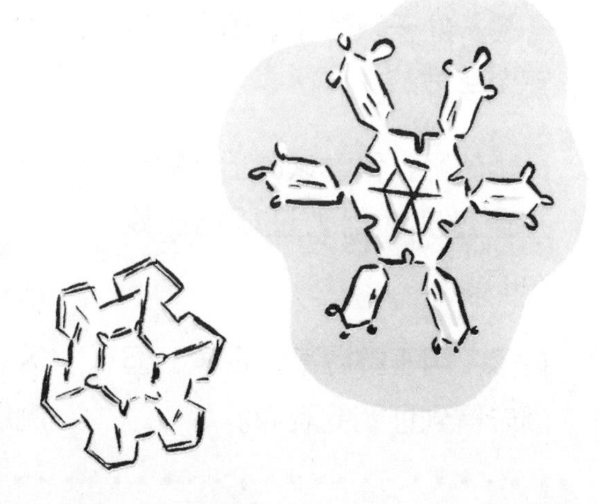

1 把每张 A4 纸对折。折好后的尺寸应该是宽 14.8 厘米，长 21 厘米。

2 把两张硬纸板裁成 14.8 厘米宽，22 厘米长。在硬纸板的一面上涂上胶水。涂哪面都没关系，反正最后两面都会被盖起来。两片硬纸板都涂好。

3 硬纸板涂了胶水的一面朝下，放在美术纸的正中。将硬纸板稍微用力压下，让它牢牢地粘在美术纸上。

4 相对硬纸板四个角的位置，将美术纸超出硬纸板部分的四个角剪掉。这样会比较容易把美术纸的多余部分折到硬纸板的另一面。

5 把美术纸四边多出硬纸板的部分全部涂上胶水，然后往里折，把硬纸板的四边包起来。

6 现在把彩色纸的一面涂上胶水，贴到硬纸板没被美术纸包严的一面。这样整个硬纸板就都被包起来了，而且纸板内侧还有很漂亮的内衬。笔记本的封面就做好了，可以进行装饰了。

活动准备

- A4 纸 10 张
- 直尺
- 剪刀
- 硬纸板 2 张，可以用饼干盒、麦片盒等
- 胶棒、胶水或白乳胶
- 美术纸 2 张，颜色不限，约 18 厘米宽，25 厘米长
- 彩色纸 2 张，可以用礼品包装纸，裁成约 14 厘米宽，20 厘米长
- 咖啡滤纸 2 到 3 张，小号，白色，形状像篮子
- 打孔器
- 弯头钉 3 个，或橡皮筋 3 条

活动 ACTIVITY

7 取一张咖啡滤纸。对折，再对折，再对折，再对折。这时候，滤纸看起来就像一支蛋卷冰淇淋。

8 在滤纸上方的边，以及侧面的褶线处用剪刀小心地剪出一些小小的豁口或形状。注意千万不能拦腰剪断。剪好后，打开滤纸，现在就像是一片雪花了。这片“雪花”可以用来装饰笔记本的封面。如果你愿意，还可以再做一片雪花，贴在笔记本的封底上。用胶水将雪花粘好。

9 在离 A4 纸褶线约 2 厘米的地方，用打孔机从上到下打 3 个孔。上面 1 个，中间位置 1 个，下面 1 个。这些白纸可以用于记笔记。孔要打在笔记本左侧。

10 将折好的白纸夹在你做好的前后封皮之间。对应纸上孔的位置，在封皮内侧做好记号。

11 在封皮做好记号的位置打孔，这样你把纸放入前后封皮之间时，前后封皮和中间纸的孔洞应该是贯穿的。

12 如果用的是弯头钉，可将钉子从打孔处穿过，将钉腿在笔记本的后封皮外固定好。如果用的是橡皮筋，可以把橡皮筋的一头依次穿过每个孔，再穿回来，与另一头打结，这样就能把纸固定了。此外，还可以用毛线、细绳、丝带甚至用剪短的鞋带固定！

2. 白天去哪儿了

你从哪些地方能知道季节正从秋季转入冬季？嗯，你会发现树叶掉了，树枝光秃秃的，外面也冷起来了。

有些地方，天气会变得非常冷。池塘和湖泊都冻住了，大地被白雪覆盖着。

地球上正处在冬季的地区，因为向背离太阳的方向倾斜的，所以得不到太阳的直射。这就是为什么太阳在天上的位置偏低，太阳落下的时间也比较早的原因。直射少了，意味着空气的温度更低了。

空气温度很低的时候，雨就变成了雪。植物也枯萎了。对昆虫来说，天气太冷了，毛毛虫或者其他动物爱吃的新鲜绿叶，一片都没有了。吃昆虫的鸟只好到更温暖的地方去寻找食物，所以它们会向南飞。

Did you Know?

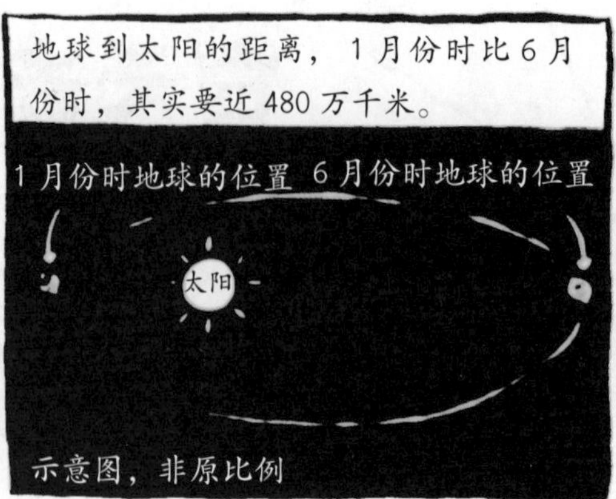
地球到太阳的距离，1月份时比6月份时，其实要近480万千米。
1月份时地球的位置
6月份时地球的位置
太阳
示意图，非原比例

但是地球的北半球朝着背离太阳的方向倾斜，
背离太阳
朝向太阳

所以人们感觉要冷很多！

低温造成青蛙、蛇，还有龟等**冷血动物**行动困难。就连鹿这样的**温血动物**，也很难找到充足的食物，无法保证充沛体力。整个自然界好像就停顿下来了。

词汇单

冷血动物： 需要温暖的空气或温暖的水来保持体温的动物。

温血动物： 用自己身体的热量来保持体温的动物。

北半球： 地球赤道以北的半球。

赤道： 环绕地球正中位置的一条假想线，将地球分为南、北两个半球。

南半球： 地球赤道以南的半球。

为什么地球上会有不同的季节

你住的地方可能一年到头都很温暖，也可能是冬冷、夏热，春秋温暖。但无论你住在哪里，只要是在地球上，就要经历四季交替。这四季分别是春季、夏季、秋季和冬季。而我们这些地球人之所以会体验到四季，是和地球围绕太阳旋转的方式分不开的。

地球时时刻刻都在围绕着太阳缓慢旋转。太阳的体积非常大，地球绕着太阳转完一圈，差不多需要 365 天的时间。这个时间周期就是我们所说的年。地球在围绕太阳公转的时候，本身还在自转。自转时的地球，就像陀螺一样，向着一侧倾斜。因为地球倾斜的方向始终不变，所以在任何一个时刻，地球都只有一部分地区会朝向太阳。朝向太阳的这些地方，就进入了夏季。这些地方得到的太阳直射光线，就比地球上背着太阳的地方得到的要多。结果你猜怎么样？背着太阳的地方就进入了冬季！夏冬之间，在地球上原本朝着太阳的地方，逐渐转向背着太阳时，就进入秋季。这很容易理解，对吧？

所以说，是地球永久的倾斜，和地球围绕太阳的公转运动，让我们有了年的划分和四季的变化。

不过美国的纽约进入冬季的时候，不等于澳大利亚也是冬季。这是因为美国的纽约是在**北半球**，也就是地球**赤道**以北的半球。而澳大利亚则位于**南半球**，也就是地球上赤道以南的半球。在北半球背离太阳进入冬季的时候，南半球则正好朝向太阳——进入了夏季！一月份过夏天，你觉得怎么样？

地球到太阳的距离，为 1.5 亿千米。假如你驾驶一辆车，以每小时接近 105 千米的速度一刻不停地从地球驶向太阳，也得行驶 163 年；假如你乘坐一架喷气式飞机，就算飞机每小时飞 805 千米，也得飞 21 年才能飞到太阳！

活动 ACTIVITY

地球的公转和自转

为什么地球公转时的倾角，还有它像陀螺一样的自转方式，会影响到地球上不同地区接受到的光照多少呢？来看看模拟演示，你就更容易理解了！

1. 绕橘子正中一周画一条线。这条线就相当于赤道。

2. 橘子顶端和底端附近各扎一颗图钉，或者贴一张贴纸。这样你就容易分辨北半球（上半个）和南半球（下半个）。

3. 拿起橘子，让赤道与地板平行。现在在橘子上端和底部各扎一支牙签。这两个牙签的位置分别代表北极和南极。把牙签扎深一些，直到能捏着牙签转动橘子。橘子转动一周就是一天。

4. 在小桌上倒扣一只大碗做太阳。当然，太阳和地球的实际比例，比这只碗和橘子的比例要大得多。在碗上标记一个起点。

5 捏着牙签转动橘子。让橘子略微倾斜，让橘子底部的那支牙签，也就是南极，略微偏向大碗。使橘子慢慢地绕着大碗旋转。同时，保持橘子倾斜且绕着牙签自转。

在刚开始让橘子自转同时绕大碗旋转时，你会注意到橘子的下半部分（南半球）更直接地朝向太阳。然而，等你差不多绕着大碗走了半圈时会怎么样呢？橘子的上半部分（北半球），直接地朝向太阳了。地球在围绕太阳公转时，也是这种情况。一年之中有一段时间，北半球朝向太阳，受到的太阳直射比较多，这时就是北半球的夏季。而这段时间，正是南半球背离太阳的时候，所以南半球是冬季。一年中还有一段时间，南半球所受的太阳直射更多，处于夏季，同时，北半球处于冬季。在这两个时间段之间，两个半球受到的太阳直射不相上下，这时两个半球的季节就一个是秋季，一个是春季。

活动准备

- 橘子1个
- 黑色记号笔
- 两枚大头图钉或两张不同颜色的贴纸
- 牙签两支
- 大碗一个

为什么冬天不是在冬季的第一天就开始呢?

哇噢!
太阳发出的光和热要花8分钟才能到达地球。

你听说过冬至这个节气吧?冬季正式开始是在12月21或22日，这一天被称为冬至。冬至这天是地球的北半球背离太阳最远的一天，也是一年中白天最短的一天。每年的6月21或22日，是夏至，是夏季正式开始的第一天。这一天是北半球朝向太阳倾斜最厉害的一天，也是一年中白天最长的一天。

不过寒冷的冬天往往在冬季正式开始前就来临了，这又是为什么呢?从夏至开始，北半球就开始一点一点慢慢背离太阳。随着地球绕着太阳旋转，太阳光照射到北半球的角度也越来越倾斜。

夏季渐渐结束,秋季开始到来。等到9月23或24日秋分，也就是秋季正式开始的第一天时，天气已经转凉了，这时太阳光线照射的面积更大，不像夏天那么集中了。秋分这一天，白天和黑夜等长，各是12个小时，不论你住在哪个半球的什么地方。

开心一刻

问：冬季怎样才能避免手脚冰冷?

答：不要光着脚走路!

至点和分点

冬至： 12月21或22日是每年冬季正式开始的第一天。这时北半球背离太阳的角度最大。这一天也是一年当中白昼最短的一天。南半球的冬至，是每年的6月21或22日。

夏至： 6月21或22日是每年夏季正式开始的第一天。这时北半球偏向太阳的角度最大。这一天是一年当中白昼最长的一天。南半球的夏至，是每年的12月21或22日。

秋分： 9月23或24日是每年秋季正式开始的第一天。这一天，无论你住在哪里，昼夜等长，都是12个小时。南半球的秋分，是每年的3月20或21日。

春分： 3月20或21日是每年春季正式开始的第一天。这一天，无论你住在哪里，昼夜等长，都是12个小时。南半球的春分，是每年的9月23或24日。

秋分时，北半球既没有背离太阳，也没有偏向太阳。这个时候，南半球也是一样，既不偏向也不背离太阳。

几个星期之后，你会注意到太阳在天上的位置一天比一天低，白天也一天比一天短。等12月21或22日正式入冬时，太阳到达了它在天上的最低点，原因是这一天北半球背离太阳的角度达到了最大。这一天过后，北半球又慢慢转回来，开始偏向太阳，白天的时间又会慢慢变长。

纬度决定冬季

纬度代表一个地方距离赤道的远近，不管这个地方是位于赤道以北或赤道以南。想象一下赤道环绕地球中央一周，将地球分成了南北两个半球。赤道的纬度就是 0 度。现在来看看北极。那里是北纬 90 度（因为是在赤道的正北）。赤道和北极之间的地方，纬度就在 0 度到 90 度之间。但是要把所有的线都画出来，工作量就太大了。

一个办法是，我们可以把赤道和两极之间划分成几个区域。比如，你可以把赤道到北极点之间划分成四个等宽的带状区域。同时，把赤道和南极点之间也同样划分成四个等宽的带状区域。

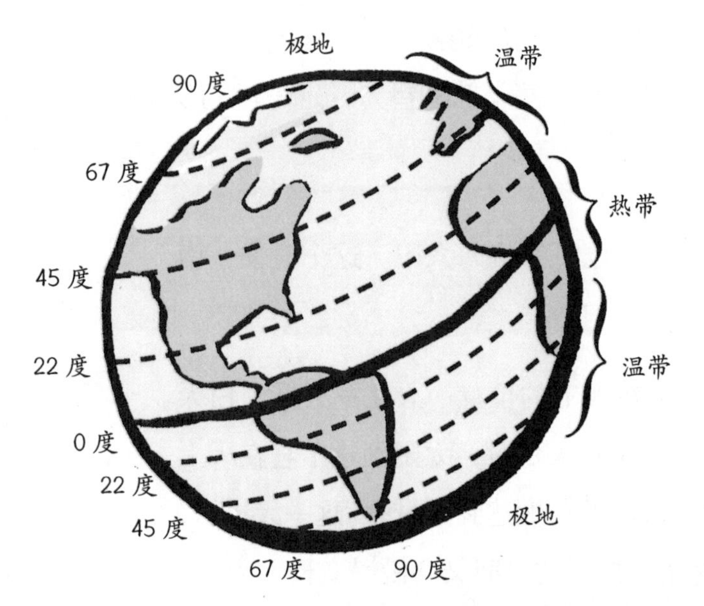

现在再来仔细看一下。有两个区域一南一北紧挨着赤道。这两个区域就是热带。那里非常炎热！道理你已经知道了，这是因为那里太阳终年直射。热带往北的两个带状区域，和热带往南的两个带状区域，要凉爽一些。换个说法，就是气候比较温和。所以科学家称这四个带状区域为温带。最后的一南一北两个区域，是离赤道最远的区域。一个正好在北极附近，一个正好在南极附近。这两个区域称为寒带，那里的气候非常寒冷！

你离赤道的远近，也就是你所处的纬度，决定你那里的气候，也决定了你那里的冬季属于哪一种。那么，你那里的冬季是哪一种呢？

整个地球可以按生物群落进行区域划分

生物群落，是地球上气候相似，生长栖息的动植物相似的一大片区域。因为地球上的绝大部分陆地位于赤道附近和北半球，所以赤道附近和北半球的生物群落也更多一些。

苔原：位于北极附近，是地球上最寒冷的生物群落。冬季黑暗而漫长，温度非常低。苔藓和一些低矮植物，只在夏季生长几个星期。苔原上栖息着北极熊和驯鹿等不少动物。苔原上的降雨与沙漠一样稀少！

泰加林带：这一生物群落包括了加拿大的很多地区、欧洲及亚洲部分地区，处于温带的北部。冬季冷而多雪。主要树种为松树和云杉等常绿树。林区动物有驼鹿和秃鹰等。

草原：这个生物群落也处于温带，位于森林和沙漠之间。草原上的草长得很高，非常适于放牧。除了南极洲外，其他大陆上都有草原。靠近赤道的草原，气候终年都比较炎热。而离赤道比较远的草原，冬季会严寒多雪，夏季又会非常炎热。草原上没有多少树，但栖息在那里的动物很多，比如大象、狮子和野牛等。

温带森林：顾名思义，这个生物群落也生活在温带。温带森林夏热冬寒，春秋凉爽。降雨充沛。温带森林中的大部分树木秋天落叶，春季会长出新的叶子来。这样，雪就不会在树上堆积了。

热带雨林：因为靠近赤道，所以这个生物群落的季节变化不明显。大多数时间都炎热潮湿。基本上每天都会下雨！对动植物来说，这样的气候再完美不过了，所以这里的动植物种类比任何其他地方都要多。这里生长着香蕉树、菠萝、橘树、柠檬树、棕榈树、蜥蜴、猴子和蝴蝶……

沙漠：这里的降水非常稀少。沙漠通常都在热带雨林的北侧或南侧。虽然沙漠的气温通常很高，但是也可能会降到很低。事实上沙漠中的动植物很多，其中最有名的是骆驼和仙人掌。

为什么地球的两极总是在过冬天?

不论你是住在北半球的南部还是北部，都能感受到四季交替。冬至过了以后，日照的时间就会一天比一天长。然后，春天就会来到 。到时候土地会解冻，冰雪会融化。可是如果你去到两极，不论北极还是南极，你会发现那里似乎永远都是冬天。为什么会这样呢？这是因为两极地区永远也得不到多少太阳的热能。不管地球公转到什么位置，阳光都不可能直射到两极地区。所以两极得到的热能，永远也比不上赤道附近的地区。而且，由于两极总是被皑皑冰雪覆盖着，照射到那里的阳光所携带的能量，有相当一部分又被冰雪反射回太空了。

哇噢！

太阳的表面温度高达1万华氏度（约5500摄氏度）。

哇噢！

南极的冰层储存了地球上70%的淡水，可南极大陆本身却极为干旱。那里每年的降水不足50毫米，是世界上面积最大，也最寒冷的荒漠。

冬季的太阳

用这个方法，你就会明白为什么太阳的光照和能量在地球上背离太阳的区域就没有那么强。

找一个暗室。打开手电筒，让光柱直射在平面上。你会看到一个圆圆的明亮光斑。现在保持手电和白板的距离不变，但是把手电筒倾斜一些，让手电筒光斜射到平面上。手电筒斜射时，光斑的面积变大了吗？随着光斑的面积增大，光照的区域是不是反而变暗了？冬季的阳光，也是这个道理。

活动准备

- 暗室
- 一个平面
- 手电筒

长长的影子

是不是感觉冬季的白天比夏季的白天短？没错！冬季的白天，确实是比夏季的白天短。因为地球是微微倾斜的，所以冬季的太阳，永远也达不到夏季太阳在天空的高度。通过下面这个实验，你可以对冬季时几周内太阳在天空的高度进行跟踪测量。

1 打开文件夹，用笔和直尺沿着文件夹中间的折痕画一条线。我们就把这条线称为折痕线。在折痕线的一端标上“北”，用来标记正北方向。

2 折线的另一端，在距离边线 2.5 厘米处，再画一条与文件夹长边平行的线，这条线会与折线垂直相交。

3 在两条线的交点上，放一枚硬币，紧贴硬币的圆周画一个圆。

4 把文件夹拿到室外，放在一个平面上。可以把文件夹一直放在那里保持不动，或者把文件夹的位置做好标记，保证文件夹每天都放到同一个位置上。还要确保文件夹所在的位置，在白天不会被任何大型物体遮挡住阳光。

5 用指南针找好正北方向。确保你在文件夹上标记的北，确实是指向正北。

6 把橡皮泥捏成球，把牙签扎进橡皮泥中心，看起来就像一根旗杆一样。

开心一刻

问：天气晴朗时你能看多远呢？

答：1.5 亿千米……从这儿一直看到太阳！

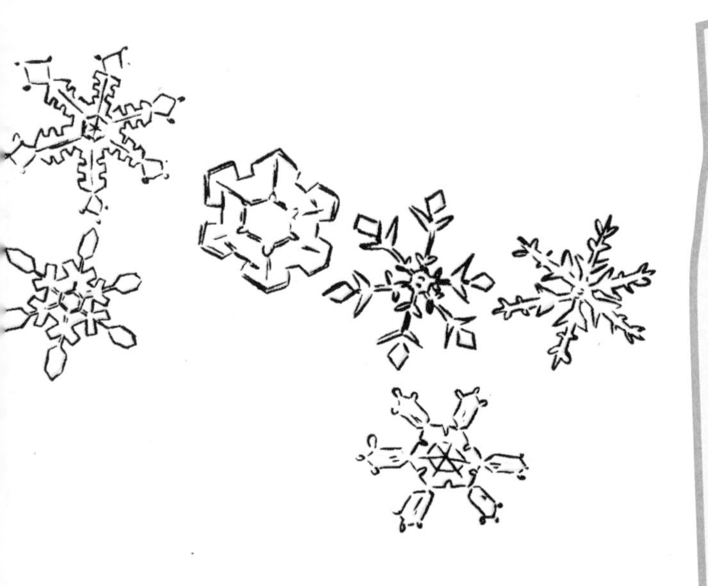

活动准备

- 纸文件夹
- 不同颜色的彩色铅笔，或者水彩笔、蜡笔
- 直尺
- 硬币
- 指南针
- 牙签 1 支——用带圆头的那种

葡萄粒大小的橡皮泥 1 块

7 把橡皮泥粘在你画好的圆圈里，这样牙签应该就竖立在圆圈的正中央。阳光下，牙签就会有一个影子。

8 每天正午，用一支笔把牙签影子长度记在文件夹上，同时在影子上标好日期。

9 每天坚持做记录，至少要记录两个星期。每天标记影子时要用不同颜色的笔。

10 测量并记录每个影子的长度。测量时，取下橡皮泥，测出两条线的交点即圆心到影子末端的距离。

想一想

- 你一共测量了多少天？
- 影子是否越来越长？如果是，每天比前一天延长多少？
- 影子是否越变越短？如果是，每天缩短多少？
- 你觉得如果这个实验是夏天做，结果会有什么不同呢？
- 在这个实验中，你还有哪些新发现？

3. 应对寒冷

地球的倾斜，对于冬季的北半球，就意味着白天短而夜晚长，而且天气也更寒冷。太阳在天空的位置比较低，所以阳光的照射也就不够直接。来自太阳的光和热都要分散到更大的面积，所以光照也就变少了。

所有东西的温度都降了下来：空气、陆地以及海洋。就连最炎热的地方，到了冬季白天一样会变短，温度一样会低一些。美国最热的地方，是位于加利福尼亚州的死亡谷。

7月的死亡谷，气温可高达46℃。非常非常热！可到了12月，这里的气温一般在18℃左右。与夏季的气温相比，温度相差将近30℃——这都是因为太阳光照射的角度不同。

室外很冷的时候，你会怎么办？调高暖气的温度？烧一盆火？多穿几件衣服？可生活在户外的动物又该怎么办呢？在野外，要熬过冬季很不容易。天冷不说，还可能有风暴。找食物也很艰难。那么那些野兽、鸟和昆虫又是怎么做的呢？它们应对寒冷的办法多种多样。

❄有的**迁徙** ❄有的**冬眠** ❄有的努力**适应**❄

有些动物会迁徙

迁徙，就是每年同一时间去同一个地方。很多动物在夏季栖息地和冬季栖息地之间往来迁徙。动物天生就知道怎么迁徙，还知道往哪里迁徙。即使是第一年去它们从没有去过的迁徙地！绝大多数动物开始迁徙的时间，是在夏末秋初。

有些海鸟的迁徙距离可以长达数千千米，而陆地上的蜗牛迁徙距离却不过区区数米而已。

有些动物要迁徙，是因为寒冷的天气会导致食物短缺，而有些动物迁徙则是因为它们的身体无法适应冬季的低温。等到春季来临，大地回暖，食物充足时，这些动物会迁回它们夏季的栖息地，并在那里繁育后代。

开心一刻

问：鸟为什么冬天要飞向南方呀？

答：因为走起来太远了。

你可能以为，北半球每一种迁徙的动物，冬季都会南迁。大部分迁徙动物确实是这样，但不是所有都是这样！比如北美洲西北部特有的白大角羊，夏季会生活在山上高**海拔**的地带，因为这时候植物繁茂，食物丰富。等到了冬季，大雪封山，草枯死了，白大角羊会下山迁到海拔较低的地带。这些地方雪会少一些，植被则会多一些。因此，这些动物不是向南迁徙，而是向山下迁徙。

词汇单

华氏度：温标的一种，水在 32 华氏度结冰。

摄氏度：温标的一种，水在 0 摄氏度结冰。

迁徙：每年同一时间迁移到同一地点的活动。

冬眠：一种可持续数月的深度睡眠状态，同时会伴有体温降低和心率降低。

适应：为应对周边环境而进行改变，或寻找解决方法。

海拔：以海平面为基准，物体所具有的相对高度。

活动 ACTIVITY

你能走多远

为什么有些动物会迁徙到很远的地方，而有些动物只是搬到离原来住所不远的地方？你可以通过下面这个活动思考一下为什么不同动物的迁徙距离会不同。进行这个活动前，你需要先寻找几个帮手：一个人负责念动物的名称，其余几个人扮演迁徙的动物。

1 在单子上列出运动方式不同的多种动物。比如鸟是飞的，蛇是游走的，龙虾是后退着爬的，鹿是跑的。

2 确定如何才能形象逼真地模仿每种动物的运动方式。让每个人都练习各种动物的运动方式。

3 标好一个起点。这个点就是你要模仿的动物夏季时的栖息地，也是它们秋季时开始迁徙的起点。

4 从起点开始量出 25 米的距离来，在 25 米处做好标记。这个地方就是终点，也是参赛“动物”冬季时的栖息地。

5 选出一个人负责喊口令。只不过喊的时候，不说“跑”，而说“预备，开始”，之后说出要迁徙的“动物”的名称。

活动准备

- 迁徙动物名单
- 卷尺
- 一个空旷的活动场地，如：走廊、操场、院子等
- 秒表

6 参赛“动物”听到口令后，就开始按照各自的运动方式，从起点跑向终点。如果你是鹅，就可以飞。如果是蛇，只能 S 形游走。如果是鲸，就必须游。如果是龙虾，就只能爬。如果是鹿，那么既可以跑，也可以走。在参赛“动物”迁徙过程中，喊口令的人可以给

出一种新的动物名称，那么所有的参赛者都必须改变运动方式，改用这种新动物的运动方式继续前进。

7 本活动的另一个玩法，就是用秒表计时，测出每种动物从冬季栖息地迁徙到夏季栖息地需要多长时间。

想一想

- 哪些动物移动速度快？
- 哪些动物移动速度慢？
- 迁徙对每种动物来说都很容易吗？
- 影响动物迁徙距离的因素有哪些？

DID YOU KNOW

一些动物依靠冬眠熬过冬季。
动物在冬季很难找到足够的食物。

因为睡着比醒着消耗的能量少，所以有些动物冬季就进入了深度睡眠。

动物冬眠时，身上凉冰冰的，
么也不醒。有的像死了似的，
实它们没有死，只是睡得太沉

有些动物会冬眠

对动物来说，冬季最大的问题，就是很难找到食物。冷是肯定的，但真正的问题是找不到足够的食物。而睡着的时候，身体消耗的能量比醒着的时候要少。于是很多动物就进入了非常深的睡眠状态，有时一睡就是几个星期，甚至是几个月。这就是冬眠。冬眠，意味着进入极深度的睡眠，乃至动物可以不吃不喝，甚至不排泄。冬眠动物的体温也会下降，有时会降到和它周围的环境温度一样。心跳也会降到一分钟只跳几次。这样身体消耗的能量就会大大降低。正在冬眠的动物，摸起来冷冰冰的，怎么也弄不醒。有的看起来甚至好像死了似的，但其实它们并没有死。它们只是睡得非常非常沉。

哇噢！

这些动物整个冬天都在呼呼大睡：浣熊、臭鼬、土拨鼠、金花鼠、仓鼠、刺猬、蝙蝠、熊、鸭嘴兽、獾、负子袋鼠和考拉。

整个冬天都在睡觉的熊，却不是真正的冬眠动物

提起冬眠动物，人们往往会想到熊。的确，熊可以长达100天不吃、不喝、不排泄。那可是三个多月呀！然而熊却并不是真正的冬眠动物，原因是熊的体温并不会出现明显下降，而且要醒来也很容易。冬天的熊可能会睡睡醒醒，不过在睡的时候，它们睡得真的很沉！沉到母熊生小熊时，都不会从严冬的睡梦中醒来。

夏季和初秋的大部分时间里，熊都在拼命进食，能吃多少就吃多少。夏季时，熊的体重一个星期能增长30磅（13.5千克左右），增长的这些体重有助于它们在冬季时保暖。这也是为什么即使天气很冷，熊的体温也不会出现明显下降的原因。

在选择过冬的洞穴时，熊往往会选择大小刚刚够挤下自己的洞穴。如果母熊生了小熊，就会全家连大带小挤在一个洞穴里。熊一般会以地穴、山洞、树洞还有石缝为窝。洞穴的入口不大，仅仅能让熊挤进洞里，而大部分洞穴的内部，宽也不过1.5米左右，高不足1米，和住在冰柜里差不多！

熊从夏季就开始布置过冬的洞穴。母熊和小熊会把树叶、草、树皮和小树枝带回要过冬的洞穴里，把里面布置得舒舒服服的。到秋末时，熊已经吃得肥肥胖胖的了，也累了，可以开始睡大觉了。

有些动物在冬季的几个月中会醒来数次。在体温降得过低时，动物会打着寒战醒过来。当温度下降到比平时温度低很多时，往往就可能出现这种情况。这时动物可能会往洞穴更深处挪一挪，找个稍微暖和些的地方，然后马上再次进入冬眠状态。

不过，就算是冬眠动物，也需要能量来维持身体的运转。如果它们整个冬天都在睡觉，那又是怎样维持身体机能运转的呢？小型的冬眠动物，比如松鼠、金花鼠还有家鼠，会在自己的窝里储存食物。冬天里它们睡睡醒醒，不时吃点东西，这样就保证了自己的体温不会降得过低。很多哺乳动物为了过冬，会在夏末和秋季拼命进食，让自己长上一层厚厚的脂肪。这层脂肪就像保温层一样，帮助它们抵御冬季的寒冷。不仅如此，在动物进入冬眠后，这层脂肪还是它们身体的能量来源。

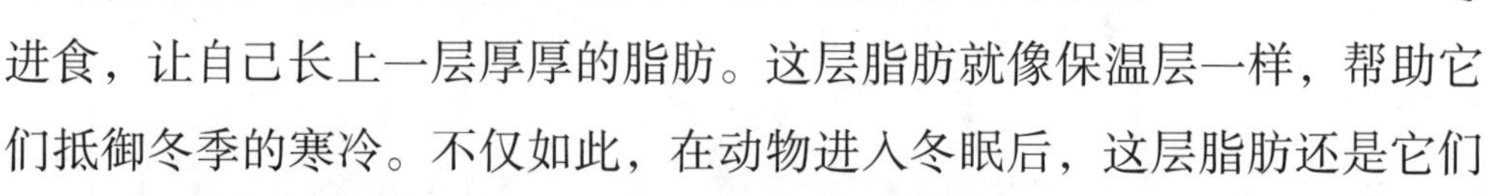

还有些动物之所以冬眠，是因为它们的身体无法应对低温。爬行动物和两栖动物无法像我们人类一样，靠产生热量来维持体温。它们全靠太阳和温暖的环境温度，来给身体加温。这些动物就是冷血动物。倒不是说冷血动物的血真的是冷的，但是冷血动物需要在温暖的环境下才能活动、进食及保护自己。天气寒冷时，这些动物的所有生理活动，包括心肺活动也都缓慢

哇噢！

像林蛙这样的两栖动物，到了冬天，就冻得硬梆梆的，躲在森林里的落叶下．要到早春的春雨帮它们解了冻，才能恢复活力．

下来。它们动弹不了，吃不了东西，甚至无法呼吸。

到了冬季，当气温低到爬行动物无法保持温暖时，它们就会进入**僵冷状态**。僵冷状态便是爬行动物在冬眠。生活在水中的龟类，会躲在池塘底或者湖底的淤泥烂叶里，让自己的身体变冷。身体内部的各个系统活动都变得异常缓慢，所以它们并不需要进食。心跳慢到几分钟才跳一次。肺也基本不活动了，所以它们也不需要很多氧气。此时，这些水生龟类靠它们尾巴上特殊的皮肤细胞，从池塘的水中吸取微量氧气。龟的僵冷状态可以持续好几个月。

陆生爬行动物，比如蛇和陆龟的僵冷状态期，是在地下的洞里度过。龟会在地上打洞。而蛇则会蜷缩在别的动物打好的洞里。处于僵冷状态的爬行动物，比如蛇和龟，是没有办法防御**捕食者**的。因为天太冷，它们根本动弹不了。所以又深又安全的地下洞穴，就成了它们的保护伞。

词汇单

僵冷状态： 爬行动物的冬眠。

捕食者： 捕食其他动物的动物。

蛰伏： 像深度睡眠这样的不活跃的状态。

休眠： 处于不活跃的休憩状态。

滞育期： 昆虫停止生长或形态变化的阶段。

幼虫： 昆虫的一生中形状像蠕虫的那个阶段。

蛹： 昆虫在从一种形态向另一种形态转变的过程中，结成茧的那个阶段。

弱夜鹰是仅有的一种冬眠鸟类。这种鸟生活在美国加利福尼亚州的沙漠里。当食物变得极度短缺，温度又很低的时候，弱夜鹰就会进入**蛰伏**的深度睡眠状态。弱夜鹰一次冬眠会持续数个星期之久。

不论是蹦跳的昆虫，还是飞行的昆虫，在冬季的户外都难觅踪迹。这是因为大部分昆虫在冬季都会**休眠**或者进入**滞育期**。也就是说，它们的生长和发育都停止了，其实就是“暂停”了。它们的呼吸变弱、心跳放缓还有体温也降得很低。昆虫的滞育期，要持续到春天才结束。此时，温暖的天气、和煦的阳光使昆虫重新恢复生机，开始继续生长。有些昆虫在冬季处于**幼虫**（蠕虫状态）阶段，有的则处在**蛹**的阶段。蛹就是昆虫从一个形态向另一个形态转变的阶段。还有的昆虫产卵后，在冬季到来前便死去。这些卵在整个冬季都处于休眠状态，到春季时才开始孵化。通常情况下，昆虫都会深深地潜伏在地下洞穴，或者蛀空的树干里，或者藏在树皮下面。

活动 ACTIVITY

建造一个冬眠用的窝

冬眠的动物，选择冬眠地点时必须很谨慎。空间要小，因为在它们睡着的时候，这个地方要保持它们的身体温暖。里面要舒适，这样就不用担心天气恶劣，也不用担心会有捕食者。在这个活动中，你需要建造一个窝，一个你如果“冬眠”的话愿意住的地方。

选一个不怕恶劣天气，不用担心有动物来猎食你，也不用担心有任何其他威胁的地方，把你的纸箱放好。用毯子和枕头给自己搭一个舒舒服服的藏身小窝。在小窝里躺躺看，感觉怎么样？

活动准备

- 纸箱大小正好够你钻进去
- 毯子和枕头
- 其他“冬眠”用品，比如毛绒玩具、书、手电筒等

想一想

- 冬眠动物还需要做哪些准备？
- 动物会有一些额外需求吗？
- 人类和动物所需物品有什么不同呢？为什么？

植物也冬眠

花草树木利用阳光，来为自己制造营养和能量。在天气寒冷，阳光的照射不够充足，植物无法制造足够的能量时，植物的活动也会停顿下来，叶子全都枯萎凋落了。不过植物并没有死，它们只是休眠了。也就是说，它们是活着的，只是在休息而已。

那么它们是怎么维持生命的呢？在秋季，植物进入休眠之前，会在根里储存大量的糖和盐。糖和盐可以预防植物的根冻结成冰。这就使植物的根免于遭受冰冻伤害。到了春季，光照的增强和地表温度的升高是一个重要信号，提醒这些花草树木，该醒过来开始生长了！

阔叶树和针叶树

阔叶树通常叶片宽大，到秋季时叶子会枯萎脱落。春季的时候，又会长出新叶子来。橡树、桦树还有枫树等落叶树，都生长在温带。还记得温带在什么位置吗？温带就夹在热带和寒带之间。当然也有些落叶树生长在比较靠近赤道的地方，比如柚木。这些树在旱季的时候会落叶。

常绿树一年到头都长着叶子。大部分生长在温带和寒带地区的常绿树，也被称为针叶树。这些树的叶子长得像针一样，结球果。云杉和松树就是针叶树。常绿树中最有名的大概就是红杉了。

针叶树分布极为广泛，有树的地方就有针叶树，在严寒地区，针叶树更是占据了统治地位。针叶树上的针状树叶，是为了适应寒冷气候才变成这样的。针状树叶便于树在冬季时保温。针叶树抵御冬季严寒的另一个法宝，就是密集生长在一起。你注意过松树和其他针叶树的树顶长得像个圆锥吗？这种圆锥形的尖顶，可以防止树木在冬季积雪的重压下折断。雪在树顶上积不了多厚，就会滑落下来。

有些动物适应寒冷了

既不冬眠也不迁徙的动物，自己找到了适应寒冷的方式。冬季的户外，你可能仍会看到很多动物！它们仍然活蹦乱跳的。这些动物已经进化出保持自己体温的各种特殊方式。

冬季出去玩的时候，你肯定会穿件厚外套保暖。那么为什么在寒冷的室外穿件厚外套就能保暖呢？是因为厚外套有额外的保温层。这些保温层，又称为隔热层。隔热层的材料，可能是一层布料，也可能是羽毛。不管哪种，都能帮助你保暖，因为添加的这一层隔热层可以使身体散发出来的热量紧贴在身体四周，而不让它们逃逸掉。

动物的保暖也是同样的道理。鸟有羽毛，哺乳动物有皮毛。不论是羽毛还是皮毛，都能够将动物身体散发出的热量锁在身体周围。正是这种隔热性使动物的身体保持着温暖和舒适。

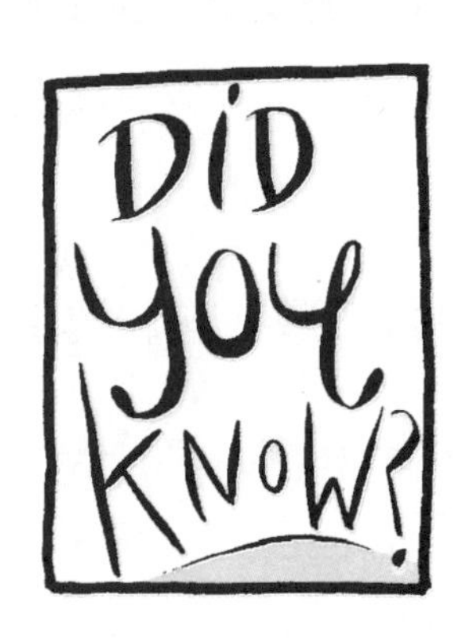

大多数哺乳动物都有两层皮毛。内层的皮毛，是隔热保温的。表层的皮毛，是起保护作用的。天冷的时候，哺乳动物的内层皮毛会蓬松一些，这样会锁住紧贴体表的空气，为动物保温。当你觉得冷，冷得起鸡皮疙瘩时，身体上的汗毛会像哺乳动物的内层皮毛一样作出反应。汗毛立起来，是为了让你的身体温暖一些！

活动 ACTIVITY

你的材料有多保温？

你觉得泥土的隔热效果好，还是布料的更好？纸的隔热性能又如何？下面这个实验，能帮你测试出哪些材料的隔热效果好。如果你做实验的时间，正值温暖的季节，又或者你住的那个地方根本就不冷，你就不要把小罐子放在室外，而应该放在冰箱里。

1. 把你准备要测试的各种保温材料，列在你的科研笔记中。可以参考下一页所列的实验材料清单，也可以选择你自己感兴趣的材料。

2. 一次测试两个小罐。把所有的小罐都装满水。所有罐子里的水，温度应相同，至少要非常接近。最重要的是要让水处于室温，这样在你将小罐拿到室外之前，水温就不会发生变化。测出各罐中的水温，将读数记在科研笔记上。把罐子都盖上拧严，然后把两个罐子放在托盘上。

3. 确保两个小罐间的距离足够远，这样一个罐上的保温材料就不会对另一个罐产生影响。

4 两个小罐各用不同的隔热材料包裹好。比如，你可以把一个罐塞进毛袜子，另一个罐周围用泡沫包装材料裹好。

5 将托盘放到室外或冰箱里。静置 10 分钟。利用中间等待的时间，把另外两个小罐准备好，放在另一个托盘上。等第一对托盘可以取回室内时，正好把它们带出去。

6 把前面两个小罐拿回室内。拧开盖子，测量各罐内的水温。将温度记录在科研笔记上所用材料名称的旁边。你还可以选用各种不同材料，也可延长小罐在室外的停留时间，重复同样的实验过程。最后，取一个小罐，不要包裹任何保温材料，也测试一遍。这样你就知道在一个未加隔热层的小罐中，水温会降低多少。这种实验方法叫做“对照”。

活动准备

- 科研笔记本
- 10 个左右带盖子的食品罐
- 1 大罐处于室温的水
- 温度计
- 几个托盘
- 羽绒服
- 棉线袜
- 羊毛袜
- 手套，材质不限
- 连指手套，材质不限
- 其他种类的衣物或布料
- 填充泡沫粒
- 泥土
- 一大张纸
- 铝箔纸
- 塑料封口食品袋
- 树叶

想一想

- 哪种绝热材料包裹的罐子里水温最高?
- 哪种绝热材料包裹的罐子里水凉得最快?
- 哪种绝热材料最不容易包裹在罐子上?
- 你在实验中还有哪些新发现?

活动 ACTIVITY

羽毛真的很保暖！

你是不是很奇怪鸭子为什么能呆在冰凉的水里却不觉得冷？秘密就藏在它们的羽毛里！鸟类的羽毛是防水的，能保持体温，又不让水渗透。但是，假如某个地方原油泄露，粘到水鸟身上，你知道会出现什么后果吗？下面这个实验会告诉你鸟的羽毛保温性有多好。同时，还会让你见识到羽毛粘上油之后，也就是当海鸟落到被原油泄露污染的海里之后，会出现什么状况。

1 把冰块放入一个封口袋中，封口封严。再取一个封口袋放入羽毛，封口也要封严。

2 将剩下的一个空封口袋放在掌心。然后把装了冰块封口的袋放在手掌上。记录一下冰袋放在手上多长时间，你的手开始觉得冷。将冰袋和空封口袋都取下来。将数据记录在你的科研笔记本上。

活动准备

- 冰块
- 塑料封口食品袋 3 个
- 做手工用的羽毛
- 植物油
- 旧画笔
- 科研笔记本

3 把装着羽毛的小袋放在手心上，再把装满了冰的冰袋放在装羽毛的小袋上。测试一下多长时间后你才感觉到手冷。把时间记录下来。

4 把羽毛小袋打开，用画笔在羽毛上刷上一些油，再把袋子封好。

5 还是把羽毛小袋放在手心上，再把冰袋放在羽毛小袋上面。记下多长时间后你才感觉到手冷。

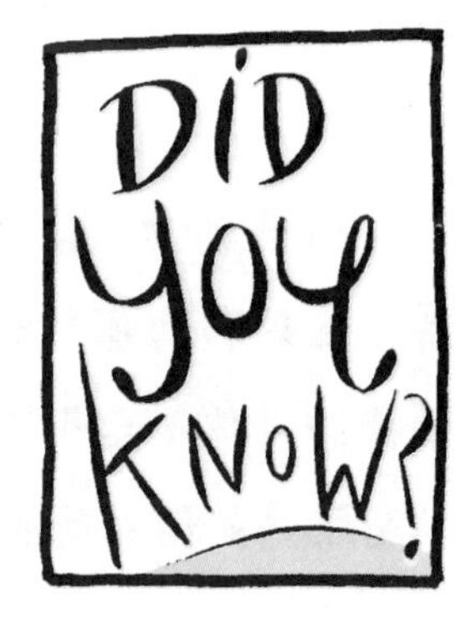

鸟类的羽毛是由角蛋白构成的，和我们头发，还有指甲的成分完全一样。

想一想

- 袋子里什么都没装时，你经过多长时间感觉到手冷？
- 袋子里装满羽毛时，你经过多长时间感觉到手冷？
- 袋子里装了抹油的羽毛时，你经过多长时间感觉到手冷？
- 你觉得羽毛上抹了油之后，会出现什么情况？
- 在本次实验中，你还注意到什么？

为什么原油泄漏对海鸟有害

鸟的羽毛一旦粘上了油，就会变得黏糊糊、湿漉漉的，而且一直会这样粘成一片，沉甸甸的，再不会蓬松了。没有了蓬松干燥的羽毛，海鸟就无法保持身体的温暖。而沉甸甸的羽毛，还会让它们没有办法飞起来。被泄漏原油包裹起来的海鸟，遇到的就是这样情况。当救援人员发现沾染了油污的海鸟时，他们会用洗涤液和水帮它们把身上的油污清洗干净。

活动 ACTIVITY

脂肪很重要

有些动物利用脂肪来保持身体温暖。生活在水里的哺乳动物，比如鲸、海豹和海豚，它们的皮下都有厚厚的一层脂肪。这层脂肪可以保护动物的身体不至于在冰水中温度降得过低。下面这个方法可以帮助你了解脂肪是如何保温的。

1 在一根食指上抹一层凡士林。这就给指头抹一层脂肪。

2 把左右手的食指都伸入一碗冰水中浸泡 2 分钟。

想一想

- 抹了“脂肪”的手指对水温感觉如何？
- 哪根手指感觉水更暖和些？

活动准备

- 凡士林油膏
- 冰水

保　　暖

如何保暖？下次出门前，你可以想想动物们都是如何保暖的。把这些方法都试试！

- 缩成一团躺着，垫在你身体下面的物品对保暖是否有影响？
- 活动起来，试试通过跑步使身体一直处于运动状态。
- 保持静止不动。试试先迎风站立，背对风站立。
- 抱团取暖。先尝试两三个人抱成一团，再尝试一大群人抱成一团。
- 找一个避风的地方。站在建筑物或者一片树林的后面。

哪种保温方式对你来说效果最好？哪种方法对你根本起不到保温作用？哪种保温方式耗费的能量最多？要是你累了，会出现什么情况？哪种保温方式消耗的能量最少？

4. 适应冬季环境

你已经知道了，很多动物冬季都很难找到食物。有些动物为了能找到足够的食物，会迁徙到比较温暖的地方。有些动物则在寒冷的冬季倒头大睡，这样就用不着吃东西了。

那么，那些既不迁徙也不冬眠的动物，又是怎样找到足够的食物的呢？它们会在某些方面进化或者发生了改变，这样就能在寒冷的冬季里，找到食物和安全的藏身之处了。

留守动物拥有对栖息地的优先选择权。既不冬眠也不迁徙的动物，在春季筑巢做窝、繁育后代时，想要什么地方就可以选什么地方。筑巢做窝的季节到来时，这些动物是栖息地上最早的居民。至于冬眠的，还有迁徙的动物，就只能从留守动物挑剩的地方里选了。

全看环境

动物身体适应冬季的方式有很多种。有些动物的身体构造，特别适合在雪地上活动。你有没有这样的经历，本来想试着在雪面上走，结果一脚下去，膝盖都陷进雪里了？出现这种结果，是因为相对于你的身体而言，你的脚太小了。动物也常常遇到这个问题。你可以想像一下，腿又长又细的小鹿，那四个小小的鹿蹄，在厚厚的积雪中行走，对小鹿来说就是个难题。因为它们小小的鹿蹄实在无法在雪面上支撑住整个身体。

但是，有些动物在雪上走起来很轻松。山猫和雪靴兔的脚上长了很多毛，非常有利于它们在雪上迅速移动。相对于它们的体型而言，这些动物的脚长得特别的大，特别的宽，在雪地行走时，简直就像漂浮在雪面上，而不会陷进雪里。

开心一刻

问：小鸟都跟大鸟说了什么呀？

答：以大欺小，不是好鸟。

鸟也可以不费力气地在雪地上行走。鸟类的骨骼是中空的，所以它们的体重非常轻，本身就不会给雪施加多大的压力。但是还有一些体积比较大的鸟，像野生火鸡、一些猛禽还有秃鹰，又是如何避免陷进雪里的呢？它们的秘密武器是带着勾的长脚爪，它们的爪一张开，便可以覆盖很大的面积。纤细的鸟爪作用就像三角架一样，让鸟的全部重量分散到了一个很大的面积上。这个面的任何一点向下压的力，都不会比别的点大。

哇噢！

有些鸟自带“内置式暖脚器”！鸟的腿和爪通常都细细瘦瘦的，但就算是在天寒地冻的季节，鸟的爪似乎也不怕冷。原因是这样的：从身体结构上看，有一些鸟从心脏向脚爪输送血液的动脉血管，紧挨着从鸟爪向心脏回流的静脉血管。从心脏流向爪的温热血液，加热了从爪流回心脏的温度较低的血液。这样鸟不仅身体热量流失得少了，腿和爪还能保持温暖，就好像装了内置式暖脚器！

活动 ACTIVITY

制做雪地鞋（或沙滩鞋）

你试过穿着雪地鞋在雪上行走吗？雪地鞋的原理，和雪靴兔的脚是一样的，都是把你的体重分散到一个更大的面积上。这样你就能“浮”在雪上了。在这个活动中，你要给自己做一双简易的雪地鞋或者沙滩鞋。如果你住的地方根本不下雪，你可以在沙坑里做实验。你的雪地鞋（沙滩鞋）会让你感受到，增加接触面积后，在雪地或沙地这种松软的地面上行走，会变得轻松许多。

使用剪刀时，请大人帮忙。

活动准备

- 比较结实的纸板，比如旧披萨盒
- 铅笔或记号笔
- 剪刀
- 大的粗橡皮圈 2 根，或粗绳 4 根
- 订书机

1 在硬纸板上用铅笔离脚大约 12 厘米左右，绕着脚画个圈。画好的圈看上去应该像个大椭圆。

2 在脚两侧系鞋带的位置，做个记号。这就是你要固定鞋带的地方。

3 用剪刀把你画好的大圈剪下来。把两个粗橡皮圈都剪断，形成一根长的橡皮筋。

4 将橡皮筋固定在纸板上，脚两侧做好记号的地方。中间要留出足够的长度让脚能够塞进去。如果你用的是粗绳，就在两侧的记号上各订一根。

5 把脚伸到橡皮筋下。如果你用的是粗绳，就像系鞋带一样把雪地鞋系在脚上。穿好出去试试。

想一想

- 穿着雪地鞋的时候，走路的姿势是不是发生了变化？怎么变的？
- 你是在雪地上还是在沙地上试穿雪地鞋？
- 为什么穿着雪地鞋在雪地上或沙地上走路，比光着脚容易？

在众目睽睽之下隐身

动物适应冬季的一个最重要的方法，就是改变自己的模样，也就是**伪装**。动物用这一方式来保证自身的安全。

你可能已经注意到了，大多数动物的毛皮或羽毛颜色，都能与它们所生活的环境很好地融合在一起。大多数哺乳动物毛皮为棕色、灰色或黑色。很多鸟的翅膀上也都是棕色和灰色的。这些颜色，有助于动物融入周围的树叶、树皮和草丛构成的背景颜色中。但如果下雪，棕、灰、黑的毛色就会变得很显眼，因此很多不冬眠的动物到了冬天会改变自己的毛色，这样它们呆在外面才会安全。雪靴兔、貂和北极狐的毛色，都会从深棕色变成纯白色。这样在白雪覆盖的地面上，它们就“隐身”了。

活动 ACTIVITY

眼力大考验

那些利用毛色伪装隐身了的动物，你觉得你有多大把握能找到它们？现在就来试试吧！下面的活动不论有没有雪都可以做。通过这个活动，你就可以看到动物在将自己融入背景色后隐藏得有多好。要是你能找两个伙伴或者更多的人一起来做，效果会更好。可以让一个人把伪装的动物藏好，其他的人则把“动物们”找出来。

1. 顺着饼干模子勾线，在棕色和白色美术纸上画出各式各样的动物形状。将所有的动物形状都剪下来。

2. 一个人拿着这些动物剪纸放到室外。把棕色的剪纸放一部分在有很多棕色树皮、树叶或泥土的地方。在周围没有任何棕色环境的地方，也至少放一只棕色的动物剪纸。

3. 如果外面有雪，就在雪地上至少放一只棕色动物剪纸。将白色动物剪纸放一部分在有雪，或者背景颜色很浅的地方。在颜色很深的背景上，也至少放一只白色动物剪纸。

4. 现在让其他人到室外去找回放好的动物剪纸。

活动准备

- 动物饼干模子
- 铅笔
- 棕色美术纸 4 张
- 白色美术纸 4 张
- 剪刀

想一想

- 哪些动物最容易找到？为什么？
- 哪些动物最不容易找到？为什么？

室内障眼法

这个活动在室内玩也很有意思，能让你认识到动物们在任何环境中都能在你眼前隐身。

1. 顺着饼干模子勾线，在所有美术纸上画出各种各样的动物形状。将所有的动物都剪下来。

2. 一个人拿着这些动物剪纸，放到或者用胶带粘到颜色相同或相近的背景中。比如绿色纸剪出的动物，就放在一片绿色的植物叶子上。粉色纸剪出的动物，就放在粉色的书本的封面或者粉色外套上。然后让你的小伙伴把所有动物都找出来。

想一想

- 什么情况下动物容易找？
- 什么情况下动物不容易找？
- 通过这个活动，你是否了解到动物是如何利用颜色隐藏自己的？

活动准备

- 动物饼干模子
- 铅笔
- 不同颜色的美术纸共 6 张
- 剪刀
- 胶带

动物会换食谱

动物适应冬季还有一种方式，就是改变食物种类。很多动物在找不到所喜爱的食物时，会换别的食物充饥。冬季时，很多地方的食物种类都比较单调。比如，以草或其他绿色植物为食的动物，在冬季草已经消亡，或者埋在雪下时，就得找别的东西吃。例如，鹿和驼鹿在冬季没有别的植物可吃时，会吃浆果和嫩枝。

那些猎食其他动物的食肉动物，冬季也只能改变食物种类。有时是因为它们的**猎物**在冬季就不露面。不少动物都冬眠了，所以很难找到。捕食者有时也只能改变自己的食物构成，因为夏季时的捕猎方式，冬季时根本不适用。

开心一刻

问：小鸟最喜欢吃什么？

答：枣（因为小鸟说早早早）。

郊狼喜欢捕食雪靴兔。可是到了雪积得很厚的冬季，郊狼就捕不到雪靴兔了。因为在雪地上，郊狼没有兔子跑得快。于是郊狼就会转而去捕食小鼠，还有其他在雪下很浅的地方挖洞的动物。因为这些动物更容

伪装：通过改变外形、外貌隐藏起来。

猎物：被捕食者捕食的动物。

易捕获。

很多鸟类在春、夏、秋三季吃的是昆虫、水果和昆虫的幼虫。但冬季时大部分昆虫都找不到。幼虫则冰封于地下！这些鸟该怎么办？它们也换了食谱！鸟吃昆虫是为了获取蛋白质。昆虫找不到了，鸟就开始寻找其他的蛋白质来源，比如种子！

DID YOU KNOW?

多年生植物能熬过冬季，每年春天会长出新的叶子和花朵。而一年生植物每年冬季就会死亡，第二年春天必须得重新播种。

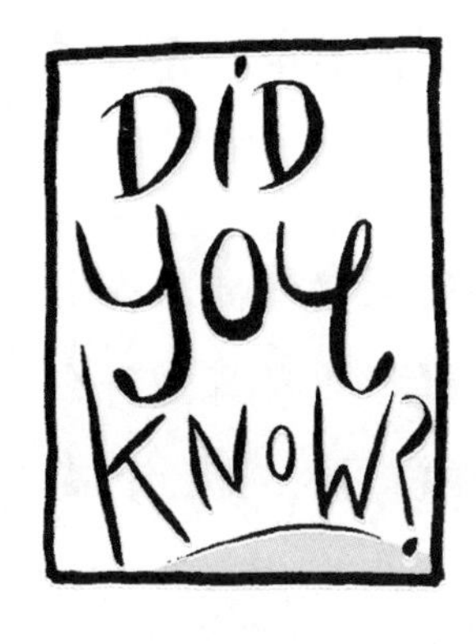

想知道鸟类最喜欢吃什么，怎样获取食物，看看鸟喙就知道了。以种子为主要食物的鸟，如北美红雀、朱雀以及麻雀等，喙短而有力。它们要用喙来嗑开种子。像啄木鸟这种喙尖而长的鸟，是在树上啄洞吃里面昆虫的。而像家燕、蝗莺和鹟鹟，它们的喙虽然小，却能张得很大，是为了捕食昆虫的。

活动 ACTIVITY

做鸟食记录

活动准备

- 铝箔饼盘
- 葵花种子
- 锤子和钉子
- 松塔
- 绳子
- 黄油刀
- 花生酱
- 小米
- 混合鸟饲料
- 浅碗或小盘
- 橘子 1 个，切成两半
- 剪刀

想知道不同的鸟各自喜欢什么食物，一个很有趣的方法就是跟踪记录它们的饮食习惯。布置几个喂食器，装上不同种类的食物。你就可以观察到什么鸟喜欢什么食物了。

你可以做一些简单的野鸟喂食器挂在屋外，观察鸟的行为。下面有几款不同类型的喂食器，你可以尝试做做看。每种做两个。需要用锤子和剪刀时，请大人帮忙。

要仔细想好你的喂食器要放在哪儿。如果从同一个窗户或者其他什么地方能看到所有的喂食器，那就更有意思了。

饼盘喂食器

把葵花子放在饼盘里，其中一个放置在院子里一处平坦的地方。把另一个饼盘放在略高些的位置，比如可以钉在柱子上，或者卡在树杈之间。每次下雨或下雪后，一定要将盘子倒空，重新放入葵花子。

松塔喂食器

每个松塔上端系一根长绳，用来把松塔吊在树上或者柱子上。每个松塔上抹一层花生酱，把松塔整个裹起来。在浅盘中倒入混合鸟饲料或小米。把松塔在饲料里滚几下。饲料或小米就会粘在花生酱上。把一个松塔挂在柱子或者树枝上。再找一个地方，把另一个松塔吊在离地面略近一些。

橘子喂食器

把橘子一分为二，用剪刀在半个橘子的中心各戳一个洞。将长绳从橘子中心的洞穿过。穿好后，在绳上打结，这样橘子就像挂件一样悬着。把一个橘子喂食器挂在树枝或柱子上。另一个橘子喂食器再找个离地略近的地方挂好。

现在你的喂食器都已经安置就位了。观察鸟都吃了什么，将哪种鸟喜欢哪种食物都记在你的科研笔记本上。也可以用表格的方式记录。

想一想

- 哪种鸟喜欢哪种食物?
- 是不是不同的鸟喜欢在离地不同高度取食?
- 是不是有些鸟总喜欢呆在地面上?
- 是不是有些鸟吃不止一种食物?
- 是不是有些鸟每天在固定的时间进食?

活动准备

- 低处葵花子
- 高处葵花子
- 低处花生酱
- 高处花生酱
- 低处橘子
- 高处橘子

活动 ACTIVITY

看看食谱上都有什么

下次你出去散步时，仔细观察一下周围，找找动物在附近取食时留下的痕迹。把你觉得可能是动物啃食的迹象记录在你的科研笔记本里。

想一想

- 折断了的小枝，而小枝的末梢原本应该长着叶芽的。这可能是鹿把叶芽吃了。
- 碎裂的橡子，或者橡子上有牙印。这可能是鹿吃过的橡子。鹿喜欢吃橡树果实，不过会把嚼碎的果壳吐到地上。
- 一堆被啃光松子的松塔。这可能是松鼠和金花鼠吃过的。
- 树皮掉光了，树枝被撕成丝丝缕缕的。这可能是豪猪啃过的树。
- 树下有碎木片。可能是大啄木鸟在这里啄洞找过虫子。

活动准备

- 科研笔记本
- 钢笔或铅笔

5. 水和冰，多好玩

什么东西又冷又硬，还会在你嘴里融化？**冰**！地球上有很多地方，冬季的主角是冰。冰是水变成的。雪也是水变成的。还有雨、雹和雾，都是水变成的。

这些都是水的不同形态，也都是水循环的一部分。那么什么是**水循环**？是这样的，水几乎覆盖了地球表面的四分之三。来自太阳的能量，使一部分水不断地从江河湖海的表面**蒸发**。水蒸发了会变成什么呢？会

变成**水蒸气**。水蒸气受热上升，就成了温暖湿润的空气。而一旦遇到温度比它低的空气，水蒸气就会冷却，**凝结**成液体水滴，形成了云。这些小水滴相互聚合，体积不断变大，直到重得重新落回地面，这就是降水。雨、雪、雨夹雪和冰雹都是降水。

水降落到地面上，流入湖泊海洋中。然后太阳的热量又让湖泊海洋中的一部分水再度蒸发，整个水循环过程又重新开始了。水循环在地球上所有的地方日日夜夜都在进行着，真的是无休无止。水循环的各个环节时时刻刻都在进行。

冬季时，如果天气寒冷，凝结成云的水蒸气就会形成小冰晶。这又是怎么回事呢？根源还是太阳。

还记得吗？在北半球，太阳在冬季是以一定角度斜射的。不论是地表温度，还是空气温度都降低了。太阳

冰：固态的水。

水循环：水从地球表面上升成云，之后又回到地球表面的往复不断的运动过程。

蒸发：水从液态转变成气态或者蒸汽状态的过程。

水蒸气：水的气体状态。

凝结：水从气态转变为液态的过程。

哇噢！

地球上的水，只有2%是淡水。那就好像有100个浴缸装满水，其中98个浴缸里的水都是咸水，只有2个浴缸的水是淡水。

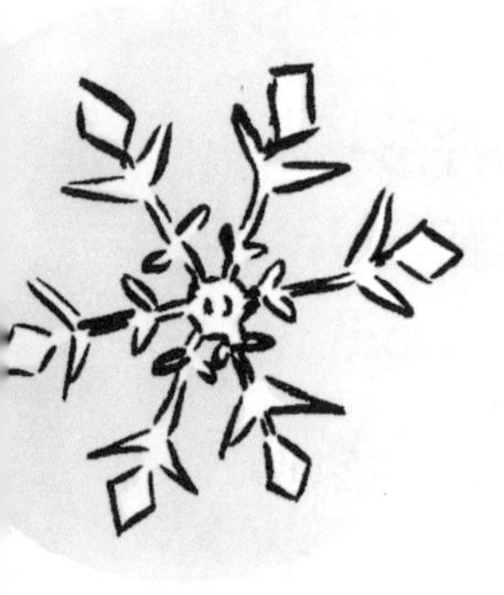

的热量仍然会使水分从海洋蒸发，但是地表上方的空气温度很低。水蒸气在上升时，就会遇到上方温度非常低的空气。这层冷空气使水蒸气凝结成了冰晶。和下雨的情况类似，在云层中的水分越聚越多，超过了云的承受力时，冰晶就会从云中落下来。如果空气的温度足够高，那么冰晶在下落过程中就可能会融化，最后以雨水的形式落下来。但如果空气的温度很低，冰晶就不会融化，落下来就是雪。如果地表封冻了，冰晶就会一层层堆积起来。雪真的能积很厚呢！

开心一刻

问：为什么北极熊不吃企鹅？

答：因为北极熊在北极，企鹅在南极。

水循环的四个环节

蒸发：太阳的热量将水变成了水蒸气。

凝结：水蒸气上升进入大气层，冷却后凝结，形成由液态水滴或固态冰晶构成的云。

降水：凝结的水蒸气以雨、雪等形式落回到地表。

浸润：降落在陆地上的水汇入湖泊河流，渗入土壤以及疏松的岩层，而这些水很多又会重新流入海洋。

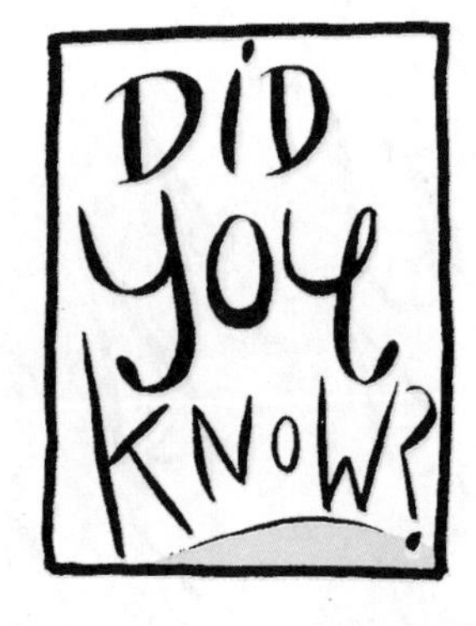

你每天喝的水，还有从天上落下来的雨和雪，从恐龙生活的那个年代就已经在地球上了。同样，水在水循环中一遍一遍反复循环。这就是为什么要保护我们的水资源，保持水的清洁。因为我们只有这么些水可以利用！

水结冰时，体积会膨胀

与冷空气比热空气重一样，冷水也比热水重。冷水下沉，热水上升。这就是为什么你夏天跳进湖里或池塘里游泳时，越深的地方水会越冷。冷水会沉在热水下面。

不过神奇的是，水一旦结成了冰，反而会浮起来。这是为什么呢？这是因为冰比水轻。水在结冰时，体积会**膨胀**。液态水会凝结成具有一定晶格结构的晶体——冰。冰晶会向外延展，比水占据更大的空间，但重量却并没有变。

开心一刻

问：为什么海豹在咸水里游泳？

答：因为胡椒水会令它打喷嚏！

世界上的冰，近90%都集中在南极。那里的冰层有2100多米厚。这些冰中，蕴藏了地球上淡水储量的近70%。假设世界上的全部淡水有100浴缸，那么其中70浴缸都在南极，剩下的30浴缸分散在别的地方。所以南极非常重要！

观察一下小水坑是怎么由外向内冻结的，你就知道水是怎样膨胀的了。靠坑边的位置水浅，坑中间的位置水深。有时，你会看到水坑里的冰上有一棱一棱凸起的波纹。之所以出现这些凸起的波纹，是因为靠近水坑边的水先结冰。然后比较靠近水坑中间的水开始结冰、膨胀，同时向外推挤，堆叠在外围较早冻结的冰上，形成了一圈凸起的花纹。更靠近水坑中间的水后结冰，再向外推挤，形成凸起得更高的花纹。如此反复，直到整个水坑都冻住为止。

水在什么温度时结冰？

这取决于你选择的温标。华氏温标和摄氏温标是两种不同的温度测量标准。它们都是以温标创始人名字命名的。 摄氏度是公制度量单位，采用十进制。在摄氏温标中，水在 0 摄氏度结冰，100 摄氏度沸腾。在华氏温标中，水在 32 华氏度结冰，212 华氏度沸腾，两者之间间隔 180 华氏度（212 华氏度减 32 华氏度等于 180 华氏度）。现在，大部分国家，以及所有科学家的科研活动采用的都是摄氏温标。下面这个表，会告诉你华氏度和摄氏度的对应关系。

212 华氏度 = 100 摄氏度（水沸腾的温度）

77 华氏度 = 25 摄氏度

32 华氏度 = 0 摄氏度（水结冰的温度）

0 华氏度 = -17.8 摄氏度

很多城市进入冬季后，都用盐来融化公路上的雪和冰，因为盐不仅便宜，而且很容易得到。其实很多溶解在水中的物质，都能阻止水在低温下结冰。说不定有些城市也会把大袋大袋的糖洒在道路上，来防止车辆打滑。啊呜，好吃！

如果你玩过滑冰，或者在冰上滑倒过，你就知道冰面是非常非常滑的。什么原因呢？部分科学家认为，这与冰晶的性质有关。构成冰表面的那些极小极小的粒子，在以极快的速度来回运动。这些粒子叫做**分子**。冰块表面的分子之所以运动很快，是因为它们的上方没有其他分子来约束它们。那为什么同是固体的木头，表面就不滑呢？这是因为冰晶的分子，比其他固体的分子**振动**得更快。所以尽管冰是固态的水，但冰表面的性质却不像一般的固体，更像是液体。你在冰上走，脚下的冰面就像液体一样，所以你的脚会打滑。冰的温度越低，就越不滑，走在上面就会更容易一些。

词汇单

膨胀：体积增大了，或者说占的空间更大了。

分子：构成物质的小粒子。

振动：非常快速地来回运动。

密度：物体的质量和体积的比值。一桶沙子比一桶羽毛的密度大。一个实心的物体就比一个多孔的物体密度大。冰比水的密度小，所以会浮在水上面。

溶液：一种物质溶解在另一种物质里。

活动 ACTIVITY

制作带尖刺的冰

想不想看看冰是如何膨胀的？有的时候，表层的水冻结得太快，下面的水结冰时要膨胀，就只能向上顶，冻冰块的冰盒里，就可能出现这种情况。在表层水迅速冻结时，可能在中心留下一个小洞。表层下面的水就会从小洞里挤出来冻成冰，就这样逐渐形成一个中间空心的尖刺。最后冰块中心的那个孔也冻上了，而那个尖刺就留在了冰块顶上。用下面这个方法，你可以试试在自己家冰箱里生成带尖刺的冰块来。如果能用蒸馏水，效果会更好。蒸馏水就是不含有任何矿物质的水。

将蒸馏水倒入冰盒的小格，把冰盒放入冰箱的冷冻室。等候几个小时，你就能看见一些很有意思的带尖刺的冰块了。

活动准备

- 蒸馏水
- 冰盒
- 冰箱

你往天上看时，见过太阳或者月亮四周套着一个光环吗？这种光环称为日晕或月晕。这些光圈其实根本不是一个圈。当日光或者月光穿过高空一层非常薄的冰晶时，这些冰晶就会起到与照相机镜头相似的作用。它们将光线折射成环绕太阳或月亮的圆圈，也就是晕。月晕很少见，因为要形成月晕，月光要非常明亮才行，所以必须要在接近满月时才能见到。

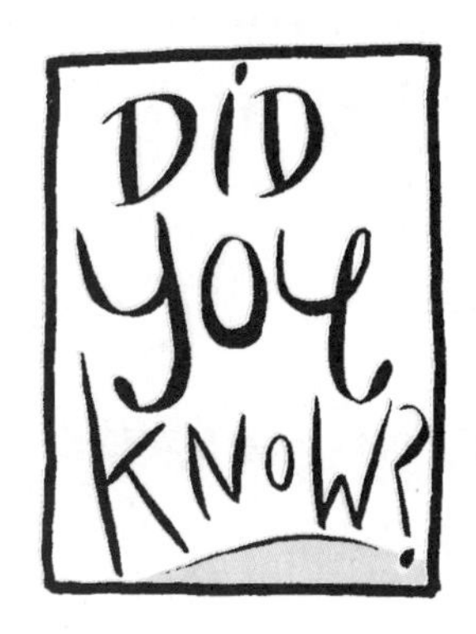

活动 ACTIVITY

水真的很致密！

在这个实验中，你会看到冷水比热水的密度大，而冰的密度根本就不大！

1 在一大杯水中加入食用色素。将水倒入冰格，冻起来。

2 玻璃杯中装半杯普通自来水。每个杯子里加一两块冰块。观察出现的现象。

活动准备

- 大水杯
- 水
- 蓝色或绿色食用色素
- 冰盒
- 玻璃杯 2 到 3 个

想一想

- 冰块是沉下去了，还是浮上来了？
- 冰融化时带颜色的水是浮在上面，还是向下沉？
- 做完这个实验，你认为冷水和热水的密度哪个更大？

盐水的密度真的很大！

活动 ACTIVITY

在这个活动中，我们要对盐水、淡水、冰和玉米油的密度进行比较。密度越大的液体沉得越深，而密度小的液体则会升到顶部。

1 一杯水中倒入半杯盐。搅拌至盐彻底溶解。加入几滴食用色素，继续搅拌。将**溶液**倒入高玻璃杯至三分之一满。这就是一号杯。

2 另取一个杯子，装满水。加入几滴另一种颜色的食用色素，搅拌均匀。这是二号杯。

3 将二号杯中的水小心地慢慢倒入一号杯，让一号杯达到三分之二满。如果你倒得很慢很小心，那么盐水就会留在杯底，而淡水会浮在盐水的上方，因为盐水比淡水密度大。

4 在一号杯中加入玉米油。与盐水和淡水相比，玉米油的密度是大还是小呢？是漂在最上面吗？如果是，说明玉米油密度更小。要是玉米油沉到杯底了呢？如果沉下去了，则说明它的密度更大。再往杯中加一个冰块，又会是怎样的结果呢？将你观察的结果记录在科研笔记本里。

活动准备

- 水
- 量杯：1 杯量和 1/2 杯量
- 盐
- 食用色素：两种颜色
- 透明水杯
- 玉米油
- 冰块
- 科研笔记本

想一想

- 哪种液体密度最大？
- 哪种液体密度最小？
- 冰块融化时，冰水是怎么运动的？

活动 ACTIVITY

神奇的盐水

大家都知道水在 0 摄氏度（32 华氏度）结冰，对吧？其实，也不总是这样！如果你在冷水里加了盐，温度就得要再降低很多盐水才会结冰。盐水结冰的温度要比淡水的低很多，大约要到 -21 摄氏度（-6 华氏度）。为什么呢？是因为溶解在水中的盐，阻碍了冰晶的形成，所以盐就使得水在很低的温度下，还保持着液态。下面这个实验可以让你看到，在水中加了盐以后，温度要降到多低才会结冰。

1. 装半杯水。加入几个冰块。测量冰水的温度。将温度记录在你的科研笔记本上。

2. 再加入几个冰块，测量温度。将温度记录在科研笔记本上。你觉得如果再加入更多的冰块会出现什么情况？将你的想法写在科研笔记上。

3. 将半茶匙盐加入冰水中，继续加冰。记录下温度。

4. 继续加盐，一次半茶匙。记得每次都要搅拌，让盐充分溶解。每次加盐后都要测量温度。

活动准备

- 透明玻璃杯
- 水
- 冰块
- 温度计
- 科研笔记本
- 铅笔
- 食用盐
- 茶匙
- 搅拌勺

想一想

- 你记录下的最低温度是多少？
- 你在水里加了多少盐？
- 增加冰块的数量，能让水温降低吗？

活动 ACTIVITY

制作冰激凌

冰激凌是用糖、奶和香精做出来的。这些成分混合在一起后，在0摄氏度（32华氏度）时并不会结冰。要制作冰激凌，就必须把混合好的液体装进容器后，浸泡在低于0摄氏度的液体中。在下面这个活动中，我们就利用盐能降温的神奇特性，制作好吃的甜点。

1. 在小食品袋中将糖、奶和香精搅拌均匀，袋口封严。将小袋放进大塑料袋中。在大袋中加入粗盐和冰块，将大袋袋口扎紧封严。

2. 将大袋不停地摇晃翻转，直至小袋中的混合物结冰。时间大约需要20分钟。

活动准备

- 三明治大小的食品袋1个
- 糖1大勺
- 全脂奶1杯
- 香精1小勺
- 大号封口食品袋1个
- 粗盐2大勺
- 一些冰块，要足够将大食品袋装满

想一想

- 冰和盐的混合物，因为接触你的手会稍微融化掉一些。但是盐水会被冰块降温，所以它的温度比纯水的冰点要低。比起只有冰来，里面的小袋子和盐水与冰的混合物接触面会更大。

关于雪的那些事

雪是很神奇的东西。你可以把雪捧起来捏成雪球，还可以用雪堆出堡垒。在雪里玩也行，在雪上滑也行。

你可以在雪下掏洞。甚至还可以吃雪。那么雪到底是什么，它又是怎么形成的呢？

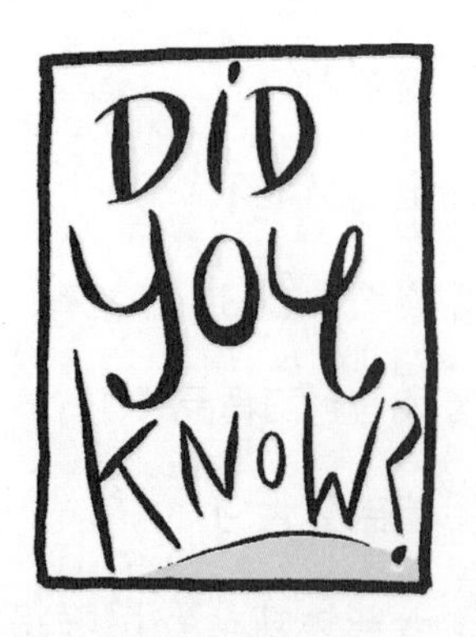

雪花不是雨滴冻结成的。雨滴如果在降落到地面的过程中结冰了，就成为雨夹雪。雪花是冰晶与冰晶彼此结合形成的。

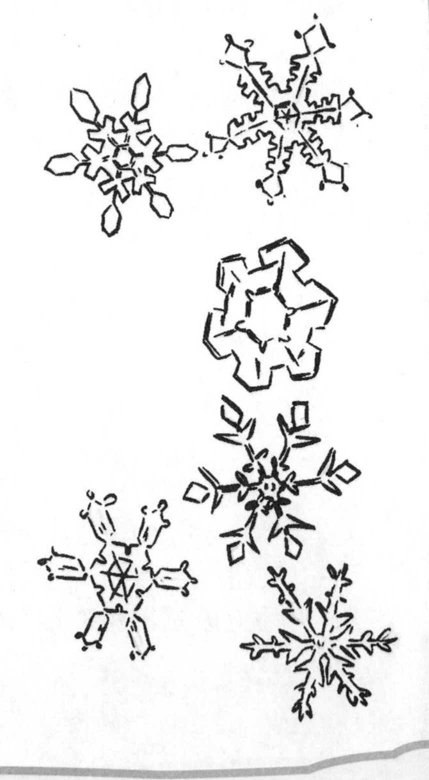

词汇单

六边形： 由六条边组成的几何形状。

对称： 每条边看上去都相同。

雪花是怎样形成的？

你已经了解了水循环的过程。你也知道了太阳的热量使水蒸发，上升成为水蒸气，凝结后成为云。在低温下，云中的小水滴会冻结为**六边形**的冰晶。这些六边形的冰晶就是构成雪花的基础。这些六边形冰晶有时长得又短又粗，有时则又长又细。冰晶有 7 种不同的形状，但全都是六边形的。冰晶样子各异，这是由很多原因造成的。空气的温度、结晶时冰晶所处的高度，还有空气的湿度，都会对冰晶的形状产生影响。

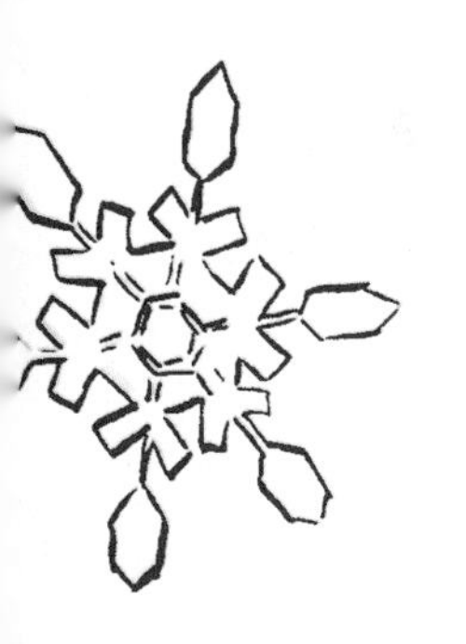

冰晶变成雪花的过程是这样的：每粒冰晶都被云中的水蒸气包围着。小水滴冻结后，就附着在冰晶六个边的某个边上，使冰晶的六个边慢慢长出枝杈，最后就变成了雪花。

哇噢！

1921 年，美国科罗拉多州的银湖一天之内就下了 193 厘米的雪，那是将近 2 米厚呀！创下了有史以来 24 小时降雪量最大的纪录。

六边棱镜的制作

六边形是雪花的基本形状。六边形可以又细又长、又短又粗，也可以又扁又平，但始终有六个边。这个活动能让你看到三维立体的雪花如何开始形成的。

1 准备 4 颗棉花糖和 4 支牙签，串成一个正方形。在正方形四角的棉花糖上，上边的 2 颗棉花糖上方再分别插 1 支牙签，下边的 2 颗棉花糖下方也分别插上 1 支牙签，形成一个类似梯子的样子。

2 在最后插上去的 4 支牙签上再各插 1 颗棉花糖。

活动准备

- 牙签若干
- 小粒棉花糖若干

3 再取 4 颗棉花糖和 4 支牙签，也串成一个正方形。同样在棉花糖的上下端各加 1 支牙签，做成另一架梯子。

4 现在把第一架梯子侧立，把第二架梯子也侧立。将第二架梯子两端的 4 支牙签，分别连接到第一架梯子两端的 4 颗棉花糖上。要让它们位置合适，必须把梯子弯曲起来。连好后就是一个六边形！雪花就是这个样子。

5 如果你还意犹未尽，想让你的冰晶长出枝杈来，可以在六条边的各边上接着加牙签和棉花糖。想加多少牙签和棉花糖都可以。你可以把雪花做成**对称**的，也就是每条边看起来都一样，但这不是必须的。绝大多数雪花都是不对称的，它们的六个枝杈看起来颇不相同。

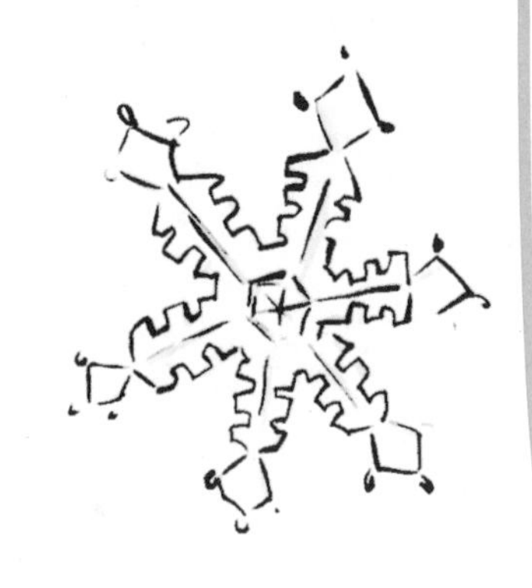

每片雪花的图案，都与其他雪花不同。就算你把世界各地的所有雪花都看遍，也找不出两片完全一样的雪花。

收集雪花

只有生活在下雪的地方，才能进行这个活动。

1. 下次下雪的时候，带一片黑纸出去，因为在黑色的背景上更容易看到雪花的细节。

2. 用黑纸接几片雪花。用放大镜仔细观察一下这些雪花。

活动准备

- 黑纸
- 放大镜
- 雪花

雪花人本特利

威尔逊·本特利住在美国的佛蒙特，是世界上第一位给雪花拍照的人。他的相机是连着显微镜的。为了照出雪花的照片，哪里的暴风雪猛烈他就去哪里，迎着风雪摄影。他首先用载玻片接一片雪花，放在显微镜下。

然后在雪花融化前迅速调好相机焦距，把雪花拍下来，捕捉住雪花的影像。本特利拍摄了5000多片雪花。其中没有任何两片雪花是完全一样的。本特利因为他的雪花照片而出名，美国人都知道有雪花人本特利这么一个人。想了解他的更多故事，你可以读读杰奎琳·马丁的《雪花人本特利》这本书。

制作雪花化石

这个有趣的活动，能将雪花保存起来，即使雪花融化了，你还可以看到它们。

1. 将载玻片放入冰箱冷冻室，这样用载玻片收集雪花时，雪花就不会化掉。把发胶拿到不带暖气的车库或者其他没有暖气的室内，这样发胶温度就会比较低，但还不至于冻结。

2. 下次下雪时，把载玻片带出去。在载玻片的一面喷上发胶。用喷了发胶的一面接一片雪花。

3. 用牙签将雪花轻轻地移到载玻片的中央位置。将载玻片小心地放在温度很低又有遮蔽的地方，例如没有暖气的车库，几个小时内不要去动它。这样发胶就有时间慢慢变硬并形成雪花的形状。

4. 等发胶彻底变干，你就得到了一个完美的雪花图案可供研究。用放大镜或者显微镜观察，会更容易一些。

活动准备

- 透明塑料显微镜载玻片
- 发胶——要用喷雾型，不要用泵出型
- 雪花
- 牙签
- 放大镜或显微镜

活动 ACTIVITY

生成糖的晶体

雪花是六边形的晶体。而别的晶体，边数和形状又各有不同。在这个活动中，你可以自己生成糖的晶体。晶体形成后，你可以通过放大镜来观察它们的形状（还可以尝尝味道）。

这个活动需要用到滚烫的开水，所以需要大人帮忙！

1 把水烧开，将糖加入开水中，一次加一大勺。每次加糖后，都要搅拌，让糖充分溶解。等加进入的糖不再溶解时，糖就会沉到水底，不会再消失了。这时将糖水倒入玻璃罐。

活动准备

- 水 1 杯
- 用来烧水并制备溶液的锅或碗
- 糖 3 杯
- 勺子或搅拌棒
- 干净的玻璃罐
- 铅笔
- 棉线或毛线——晶体不要粘在尼龙绳上
- 回形针
- 放大镜
- 科研笔记本

2 在铅笔的中段绑一截细绳，在绳子的末端别一个回形针。将铅笔搁在玻璃罐的罐口，让绳子垂入罐内，这样回形针和一段绳子就会浸没在糖水中。一定不要让绳子碰到罐壁。

3 将玻璃罐放在一个有阳光的地方。每天检查一遍看有什么变化。一周后，将细绳拉出罐子。

想一想

- 罐中的糖水高度发生了什么变化？
- 细绳上有糖的晶体形成吗？
- 糖的晶体是什么样子？
- 在科研笔记本上画出糖的晶体形状。

生成盐的晶体

活动 ACTIVITY

这次我们来生成盐的晶体，看看它与糖的晶体有什么不同。

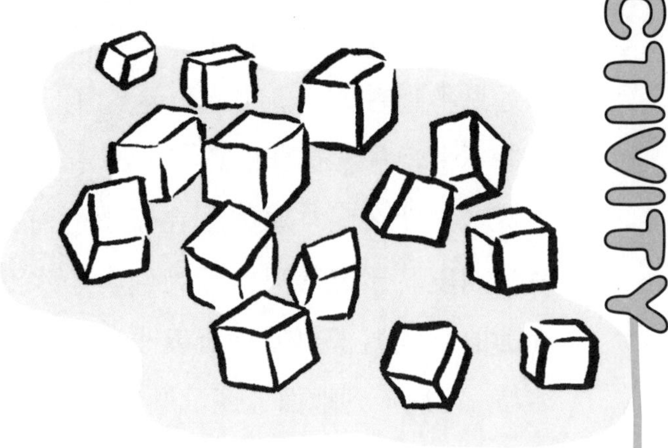

1 在玻璃罐中倒入一杯温水（不是开水）。将盐一点一点加入水中，直到加入的盐不再溶解。盐不再溶解时，就会沉到罐底，不再消失。然后滴入一两滴食用色素。

2 在铅笔的中段绑一截细绳，在绳子的末端别一个回形针。将铅笔架在玻璃罐的罐口，令绳子垂入罐内，这样绳子就会没入盐水，回形针几乎要碰到罐底。

3 一定不要让绳子碰到罐壁。将玻璃罐放在一个有阳光的地方。每天检查一遍盐水。1 周后，将细绳拉出罐子。

活动准备

- 温水 1 杯
- 干净的玻璃罐
- 盐 2 杯
- 勺子或搅拌棒
- 食用色素
- 铅笔
- 线或细绳
- 回形针
- 科研笔记本

想一想

- 盐水高度有什么变化？
- 细绳上出现盐的结晶了吗？
- 多长时间盐的结晶才形成？
- 盐的结晶比糖的结晶更快还是更慢？
- 盐的晶体是什么样子？
- 盐的结晶和糖的结晶有什么不一样，还是一样？
- 在科研笔记本上画出盐的晶体形状。

热带的雪

你可能会想，如果生活在热带，这个地球上最靠近赤道的地区，就永远见不到雪。但事实并不是这样！尽管热带一年四季太阳的直射程度都差不多，并没有真正意义上的冬季，但热带的一些地区仍然有积雪的山峰。为什么呢？原因就在于山的海拔，也就是高度。还记得吧，因为饱含小水滴的云周围的空气温度很低，所以小水滴就冻成了冰晶。冰晶落到地面上还没融化，就形成雪。因为在空中的高度越高，温度就越低，所以山峰如果很高的话，那么不论它处于地球上的什么位置，山顶的温度都会很低。像美国的夏威夷、非洲的肯尼亚这些地方，都有海拔很高的山峰。比如夏威夷的哈雷卡拉火山，海拔为3100米；肯尼亚的乞力马扎罗山，海拔5800米。这些山因为海拔很高，山顶的空气温度相当低，所以山顶会下雪。而山上海拔比较低的地方，则终年温暖。

问：什么球弹不起来？

答：雪球。

基本上美国所有的地方都下过雪。就算是在南佛罗里达，其大部分地区也在不同时期飘过零星的小雪。

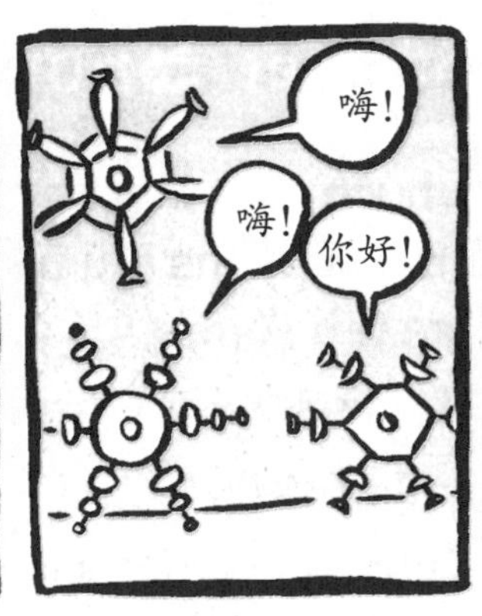

是哪种雪，你知道吗？

如果你生活在冬季有雪的地方，你肯定知道每场雪都不尽相同。有时候，雪很沉，很容易团成雪球。有时候，落下来的是很小的冰粒，就像砂糖似的。这完全取决于雪中的水分多少。每场降雪的水量大小，都受到多种因素的影响，比如温度、地点、气压和海拔高度。雪中的水分越多就越**致密**。水分多的雪，比水分少的雪要重。

雪降到地面后会压缩，也就是会受到挤压。雪花之间的空气会被挤出去，雪花和雪花之间则被挤紧。被挤在一起的雪花越多，意味着雪中的水分越多。所以靠近地面的雪，往往比表层的雪更致密。

致密：挤压得紧紧的。水分含量高的雪，比水分含量低的雪更致密。

滑雪者口中的怪雪

滑雪的人特别喜欢雪！因为他们花大量的时间在雪上，所以造出了各种各样形容雪的词。他们对雪的描述，是以雪在滑雪板下给滑雪者的感受为基础的。举例来说：

粉状雪：又轻又蓬松，刚降的新雪。

新雪：还没有人到过、滑过、碰过的粉状雪。

香槟雪：能像小气泡一样飘在空中的最轻、最蓬松的粉状雪。

污雪：被太阳晒过，变得越来越沉的粉状雪。

灯芯绒雪：压雪车开过后形成的的像灯芯绒一样的雪场雪。

英雄雪：让所有滑雪者都觉得自己能赢奥运会奖牌的松软宜滑的雪，通常属于灯芯绒雪。

紧实雪：由于风的作用，或者融化后再次结冻，或者压雪车开过而变得非常紧实的陈雪。

风压雪：被风吹过形成的紧实雪。

鬼饼干：滑行路线上汉堡包大小的冻雪块。美国东部的人常把这种雪块叫鬼饼干，而西部的人则喜欢称之为鸡脑袋。

玉米雪：陈雪在多次反复融化再冻结后形成的接近圆形的冰粒。对滑行有利。

冻粒雪：陈雪化了又冻结而形成的高低不平，带明显突起的坚硬表面。

土豆泥雪：在你转弯停下时，会像土豆泥一样抹开的又沉又湿的雪。

粒雪：呈粒状，且雪粒之间出现部分连结的雪。虽然经过了一个夏季的融化，但尚未变成冰川冰。

象屎雪：稍一融化就变得像粥一样黏糊糊的干雪。也叫冰沙雪。

水泥雪：美国加利福尼亚州的内华达山上那种又重又湿的雪。

雪里有多少水

活动 ACTIVITY

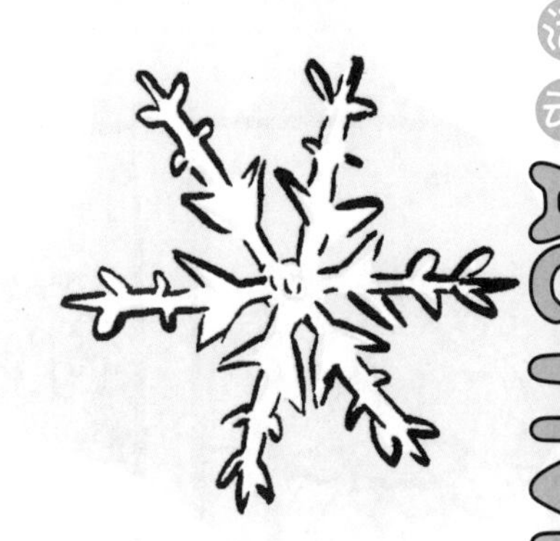

这个实验可以帮助你了解，靠近地面的雪和表层雪这两种不同的雪中各含有多少水。

1. 带两个小盒子到室外。轻轻地从雪面上铲一些雪，装进其中一个盒子里。注意铲雪时一定不要向下压，就是不要挤压雪。盖上盒盖，标上一号盒。

2. 现在使劲向下挖，尽量越深越好，从洞内铲一些雪，装入第二个盒子。注意铲雪时同样不要向下压。装入盒子的雪，最好能和雪堆中没铲出来时的状态一样。标上二号盒。

3. 把两个盒子拿到室内，让里面的雪融化。等雪全部化成水以后，将盒盖去掉。测量第一个盒子中有多少水。将数据记在科研笔记本里。第二个盒子也同样处理。

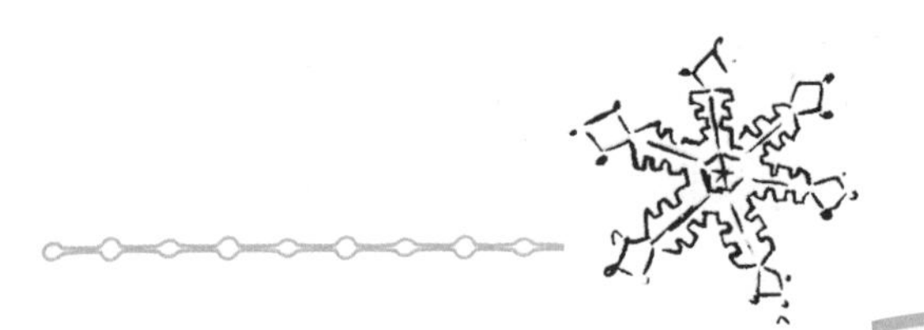

想一想

- 两个盒子里的水一样多吗？还是一个多一点，一个少一点？
- 哪个盒子里的水更多？
- 通过这个活动，你还得到哪些收获？

活动准备

- 同样大小带盖的盒子 2 只
- 雪
- 记号笔
- 量杯
- 科研笔记本

雪是冷的——但却能帮你保暖！

你知道雪能帮你保暖吗？我们已经知道，雪花是晶体，所以上面有很多棱角。雪花落到地上时，雪花上那些棱角，就把大量空气锁在雪花之间的缝隙里。正如羽毛和毛皮将空气锁在动物皮肤表面，帮动物保暖一样，雪也将地表的空气锁住了。这就使地面温度比雪上毫无保护的空气温度要高。很多小动物都住在雪下的洞穴和地道里，就是因为那里比雪上暖和很多。

人类也会用雪来保暖。在加拿大最北部，**因纽特人**在狩猎季节时会用雪盖房子，这种房子叫**冰屋**。盖房子时，他们先切割出大块紧实的雪，把这些雪砖垒成圆顶形，做成结实的小房子。之后他们会开一个矮矮的地道式入口，这样风就不会吹进去。猎人的体温，让冰屋的室内暖和起来，即使外面特别特别冷，里面也会一直都是暖的。喜欢冬季在户外露营的人，有的时候也会用雪造出舒服的栖身所来，叫做**雪穴**。他们先堆出一个大雪堆，之后让雪静置一个小时左右。雪堆顶上的雪会向下压，将空气挤出去，这样雪就会变得

开心一刻

问：雪人和鲨鱼有什么共同点？

答：它们都会令你浑身发抖。

更致密，更结实。然后露营的人再在雪堆的一侧掏一个洞，将里面挖空，变成一个舒适的洞穴。如果你在雪中迷了路，或者遇到了暴风雪却找不到躲避的地方，雪穴是个很不错的求生办法。

词汇单

因纽特人：生活在加拿大北部和美国阿拉斯加的原住民。

冰屋：用雪块堆成的圆顶屋，也叫伊格鲁。

雪穴：雪堆里挖出的像洞穴一样的藏身所。

雪 真 好 吃！

雪是能吃的，只要雪是干净的！雪花飘下来的时候，你可以用舌头接着。还可以举行一场“雪加糖”盛宴。美国的佛蒙特有个传统，就是每到做糖的季节都会举办雪加糖的庆祝活动。做糖是把枫树汁熬成枫糖浆，制成枫糖。而做糖的季节，是在晚冬早春的时节。这个时候，往往地上还积着雪。为了庆祝糖季的开始，大家会到户外用碗装满新鲜干净的雪，在雪上倒上枫糖浆然后吃掉。如果你住的地方不下雪，可以用碎冰机把冰打碎伪装成雪。

雪能保暖

通过这个实验看看雪对地面的保温效果有多好。

1 取一支温度计，放在雪面上。将温度读数记在科研笔记本里。

2 再取一支温度计，放置在雪下 7.5 到 10 厘米的地方。记下温度。

3 现在将第二支温度计放在尽可能接近地面的雪里。记下温度。

活动准备

- 温度计 2 支
- 科研笔记本
- 很多很多雪

想一想

- 是雪上的温度低，还是雪下的温度低?
- 哪个位置的温度最高?
- 哪个位置的温度最低?
- 你在这个实验中还得到了哪些其他收获?

7. 冬季的天气

暴风雪还是微风？雪靴还是凉鞋？你住的地方冬季是什么样的？一切都取决于你离赤道有多远。

你住得离赤道越近，冬季就越温暖，气候也越温和；住得离赤道越远，不论是更靠南，还是更靠北，冬季都越寒冷，风暴也更多。冬季的气候状况年年都可能略有变化。可能有的冬季更暖和些，有的更冷些。

哇噢！

世界上一年中温度变化最大的地方，是在俄罗斯西伯利亚的东北部。那里冬季气温可降到-68摄氏度（-90华氏度），夏季气温可上升到37摄氏度（98华氏度）。

北美的冬季是什么样子的？

❄ 如果你是在北美的东北部，在大西洋沿岸上，那么冬季可能会遇到猛烈的暴风雪，也叫东北风暴。东北风暴往往来势凶猛。之所以会出现这样的风暴，是因为来自南部的温暖空气在大西洋上空循环，空气中聚集了大量来自海洋的水分。在与来自北方的寒冷空气相遇后，就出现了大规模降雪、大风，有时会出现降雨。

❄ 如果你住在南部，那就不会遇到很多严寒天气。有时候，来自北部的冷空气会与来自墨西哥湾的温暖空气相遇。这个时候温度就可能降到很低，甚至还会下一点儿雪。

❄ 如果你是在北美的中部地区，冬季就会非常冷，大雪不断。来自北方的冷空气与来自南方的暖空气在这里交汇。因为这个地方没有高山，冷暖空气向这里移动时都没有阻碍，所以在这里交汇时会造成很多的暴风雪。

❄ 如果你是在北美的西北地区，也会遇到很多恶劣的暴风雪天气。这是因为来自落基山的冷空气与来自太平洋的暖空气交汇造成的。雪量可能很大，但持续时间并不会很久。一般情况下，越靠近海洋，降雪量越少。这是因为越靠近海洋，温度越高，这就阻止了北方的冷空气继续向前推进。

❄ 如果你住在最北部，就会感觉很冷，雪很多！来自北方海洋的潮湿空气遇到北极的冷空气，便会造成降雪。

❄ 如果你住在最南部，那么就不会感觉到温度有什么变化。取而代之的是，你那里可能会有旱季，与其他季节相比，可能降雨量会比较少。

什么是天气？

天气不是只在云来了，刮风了，下雨或下雪了才有的东西，天气是空气围绕地球每时每刻不停运动造成的结果。冬季的天气是什么造成的？这要怪太阳。还记得吧，太阳在冬季的那几个月里，是以一个角度斜射的。北半球因为偏离太阳，所以白昼短，温度低。低温不仅仅是让你不得不戴上手套，穿上厚外套，对天气也同样造成了影响。

开心一刻

问：那个温度计对另一个温度计说了什么？

答：我的温度太高，是因为你让我热血沸腾。

地球周围的所有空气，都是靠太阳加热的。地球上的空气是在时刻不停地流动的。空气受热会上升。空气变冷会下降。

当很多冷空气与很多湿润的暖空气相遇时，就会出现风暴。冷暖两种空气交汇，会围绕彼此移动，这就叫**对流**。对流会产生云，当云团越来越大，云和云之间会相互碰撞、上升，聚集更多的水气。云变得过于厚重时，其中的水分就会在地球重力作用下落回到地面。

乌云往往是风暴云。大多数的云都是白色的，因为它们反射了太阳光。乌云的颜色很深，是因为云里满是小水滴或者小冰晶。云中的水或冰足够多时，光线就无法透过云层，所以云看起来是乌黑的。乌云意味着风暴正在酝酿。

对流每时每刻都在进行。但为什么在冬季，很多地方不是下雨，而是下雪呢？这是因为冬季时空气的温度降了下来。冷空气同时让陆地和海洋的温度也降了下来。在空气的温度低到一定程度时，云中的水分就冻结成了冰晶。冰晶吸附着越来越多的水分。等冰晶沉得云托不住时，就会降落下来。有时候，冰晶在下落过程中穿过了一层稍暖的空气层，这时冰晶就会融化掉一点点。而这些融化的冰晶仿佛涂上了一层胶水。别的冰晶在下落的过程中，会和它粘到一起。这样落下来的雪，就是那种很蓬松的雪花。还有些时候，冰晶在下落过程中融化得太厉害了，直到即将落地时才又重新冻结成冰，这就是雨夹雪。雨夹雪看起来就像小冰粒，实际上它确实是小冰粒！

哇噢！

云飘得越高，天气就越好。云是上升的空气中的水分凝结而成。而空气在水分凝结前上升的高度越高，说明空气中原本的水分越少。

气压可以预报天气

气压是气象学家预测天气所用的方法之一。高气压往往意味着天气晴朗，而低气压则往往意味着天气骤变。

这是为什么呢？你已经知道，暖空气会上升，冷空气会下沉。暖空气比冷空气密度小，也就是向下施加的压力小。这就是为什么热气球能飞上天的原因。暖空气比冷空气要轻。暖空气在上升过程中，与冷空气相汇合，同时也聚集起水分。冷空气保持水分的能力，不如暖空气好。上升的空气在上升到一定高度时，由于温度的不断冷却，再无法保持那么多水分。这时水分就会凝结成云。如果云中的水分足够多，就会下雨，或者下雪，这与温度的高低有关。所以如果气压下降了，说明暖空气在上升。上升的暖空气与高空的冷空气混合，就会形成云，还会产生剧烈的天气变化。

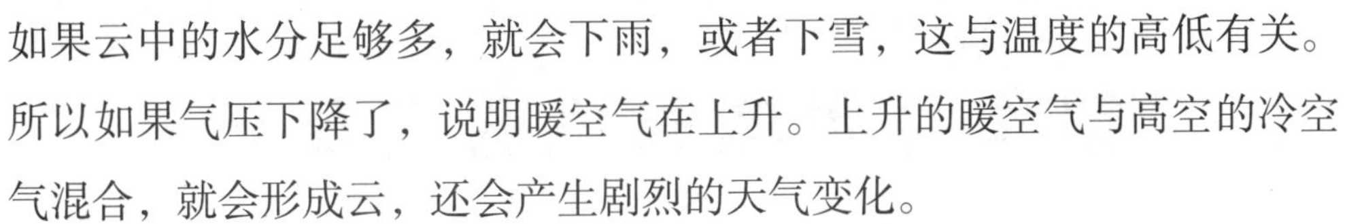

冬季在南方就是旱季

对于住在北美洲最南方的人来说，冬季往往并不代表寒冷或者下雪。冬季代表的通常是旱季。从11月到第二年的4月，赤道以北的地区，基本上都是晴朗干燥的天气。而在赤道以南的地区，这一段时间则是雨季。

为什么呢？原因就在**热带辐合带**上。来自北半球的风，和来自南半球的风在热带地区相遇。由此造成的云带，可以绵延数百千米宽。这条云带是跟着太阳走的。在北半球进入夏季时，它就北移。在北半球进入冬季时，它就南移。因此在北半球处于冬季时，云带正在南移，所以北美洲南方的天气才会温暖而干燥。

制作可预测天气的气压计

气压计，是通过测量大气压力来预测天气的科学仪器。本次活动会教你如何制作简单的气压计。

1. 将气球充气放气几次。这样能让气球松弛一些，容易蒙到玻璃罐口上。在气球收嘴的地方剪开，扔掉气球嘴。

2. 将气球蒙在罐口上，然后用橡皮筋套在罐口固定好。气球和罐子之间一定不能有缝隙。罐子应该是绝对密闭的。

3. 将吸管一头用胶带粘在气球做的罐子盖上，要横过绝大部分罐口，但不能碰到罐口边沿。吸管的另一头伸到玻璃罐的外面。胶带要粘在距离吸管顶端3厘米左右的地方，这样吸管才有活动的空间。

活动 ACTIVITY

4 你的气压计就做好了。现在我们来测试一下，看看它是怎么工作的。把气压计放在靠墙的桌子或者架子上。在紧靠玻璃罐的墙上贴一张纸。

5 用铅笔在吸管指着的位置做上记号。记号旁边写上日期。在科研笔记本上也写上日期，并记录下当天的天气状况。记得为墙上那张做标记的纸选择合适的位置，上下都要预留一些空间，这样你就有足够的地方做标记了。

6 每天同一时间去观察吸管所指位置，每次用不同颜色的彩色铅笔在纸上做记号。记号旁边标好日期。

7 在科研笔记本中，用与标记同色的铅笔写上日期，还有当天的天气状况（比如：刮风、下雨、晴天）。过几天以后，将气压计的位置标记和你记录的天气状况进行对比。

实验原理：在你将气球蒙在玻璃罐上时，你是在一定气压下捕捉了空气。气球会将气压变化显示出来。气压升高时，会将气球压进罐中，这样吸管就会翘起来。气压降低时，罐中的气体就会膨胀，让气球鼓起来，吸管就会垂下来。

想一想

- 吸管翘起时，你记录到的是什么天气？
- 吸管下垂时，你记录到的是什么天气？
- 你做实验的那一周，天气是否一直晴朗干燥或一直阴雨绵绵？

活动准备

- 气球 1 个
- 剪刀
- 广口玻璃瓶
- 橡皮筋
- 吸管
- 胶带
- 白纸 1 张
- 马克笔或铅笔，要 7 种不同的颜色
- 科研笔记本

噢！冬季的风真冷啊！

冬季的风比夏季的风要冷得多，这种情况你一定知道，也很好解释。如果空气的温度很低，那么风自然也就比较冷。可是为什么冬季在同样温度下，有风的时候比没风时感觉冷得多呢？这要从**风冷效应**说起。风在你身边刮过时，会将你身体周围的温暖空气带走，所以你会觉得冷。风速越大，你身体的热量流失得也越快。就算有太阳，一个有风的冬日，你仍然会很快就觉得非常冷。

如果冬季时你在户外玩的时间很长，就可能长冻疮。皮肤因为在室外低温中暴露时间过长而被冻伤，就叫冻疮。身体上最容易长冻疮的部位，是鼻子、耳朵、两颊和手指。皮肤冻伤后，会变白或者变黄，会有针刺感或者麻木感。冻伤时，让皮肤重新回暖非常重要，这样皮肤才不会受到永久性的伤害。要到外面玩，就要多穿几件衣服，还要经常回到室内来取暖。让大人帮你检查检查手指和脸，确保这些部位没有被冻伤。

对流： 冷暖空气相遇，并形成云。

热带辐合带： 北半球的气流和南半球气流交汇的区域。

气压计： 通过测量大气压力预测天气的科学仪器。

风冷效应： 风使人觉得更寒冷的效应。

风速计： 气象学家用于测量风速的科学仪器。

制作风速计

风速计是气象学家用来测量风速的科学仪器。这个活动会教你制作简单的风速计。这个风速计能帮助你测量风的速度有多快。

活动准备

- 约 80 毫升的纸杯 5 个
- 戳洞用的笔
- 直的塑料吸管 2 支
- 彩色记号笔
- 小订书机
- 大头针
- 带橡皮头的削好的铅笔
- 橡皮泥一大块
- 秒表

1. 取一个纸杯。在纸杯沿下约 0.5 厘米处，沿纸杯一圈等距离扎 4 个孔。其中两个相对的孔，要略高于另外那两个。在杯底中心也扎 1 个孔。

2. 取一支吸管。穿过纸杯上一组相对的两个孔。取第二支吸管，从剩下的两个孔穿过去。两根吸管在杯内呈十字交叉。

3. 再取一个纸杯，用记号笔在杯外涂色。这个杯子到时候可以用来标记风速计的转数。涂好色后，将这个纸杯和其余的纸杯放在一起。

4 剩下的这四个纸杯，在它们的杯沿下大约1.5厘米处，各扎一个孔。

5 把一个吸管的末端插入一个纸杯的孔中。纸杯的开口可向左，或向右，但不可以向上，也不可以向下。将吸管末端折起，用订书机订在纸杯内壁上。这样就保证了纸杯不会被风吹掉。

6 剩下的三个纸杯如法炮制。四个纸杯围绕中央纸杯，开口方向必须是同向，可以是顺时针方向，也可以是逆时针方向。

7 将铅笔的橡皮头朝上，穿过中央纸杯杯底的孔，顶到吸管为止。用大头针穿过两根吸管交叉处，一直扎进橡皮里，能扎多深就扎多深。要保证吸管在橡皮顶端可以旋转。

华盛顿山顶有记载的最高风速，高达每小时372千米。华盛顿山是美国新罕布什尔州境内最高的山峰。

8 把风速计拿到室外，在室外找个地方把橡皮泥粘好，栏杆上、木栅栏上、墙上或者石头上都行。把铅笔削好的尖头扎进橡皮泥里，这样风速计就能笔直地竖立着。最好在底座上做一个标记作为彩色纸杯的初始位置。这样你就知道彩色纸杯何时转满一周了。

开心一刻

问：为什么大山冬天不怕冷？

答：因为它们戴着帽子——冰盖。

9 现在，你的风速计可以开始使用了！虽然测不出风速具体是每小时多少千米，但你可以测出风速计转得有多快。这样就能大致知道风速的快慢了。

用秒表计时，数一下彩杯一分钟的旋转周数。这个数就叫做每分钟转数。气象学家用的风速计也是测量每分钟转数，然后他们再把每分钟转数换算为千米/小时。

想一想

- 一天当中不同时间的风速是否相同？
- 如果你把风速计移到另一个地方，风速会增大吗？
- 你觉得哪些地方风比较大？
- 有树或者有建筑物的地方，风是更大了？还是更小了？

10 将接下来几天的风速测量值记录下来，再测一测每天不同时间段的风速。还可以测量一下不同地方的风速。

图书在版编目(CIP)数据

探索冬天:25个了解冬天的有趣方法/(美)安德森著;迟庆立译. —上海:上海科技教育出版社,2016.7
("科学么么哒"系列)
书名原文:Explore Winter
ISBN 978-7-5428-5887-0

Ⅰ.①探… Ⅱ.①安… ②迟… Ⅲ.①冬季—青少年读物 Ⅳ.①P193-49

中国版本图书馆CIP数据核字(2015)第068361号

责任编辑 郑丁葳
装帧设计 杨 静

"科学么么哒"系列
探索冬天——25个了解冬天的有趣方法
[美]玛克辛·安德森 著
[美]亚历克西斯·弗雷德里克-弗罗斯特 图
迟庆立 译

出 版 上海世纪出版股份有限公司
上 海 科 技 教 育 出 版 社
(上海市冠生园路393号 邮政编码200235)
发 行 上海世纪出版股份有限公司发行中心
网 址 www.ewen.co www.sste.com
经 销 各地新华书店
印 刷 常熟文化印刷有限公司
开 本 787×1092 mm 1/16
印 张 6
版 次 2016年7月第1版
印 次 2016年7月第1次印刷
书 号 ISBN 978-7-5428-5887-0/G·3276
图 字 09-2014-130号
定 价 20.00元

Explore Winter
By Maxine Anderson
Illustrated by Alexis Frederick-Frost

上海科技教育出版社业经锐拓传媒协助
取得本书中文简体字版版权